上海大学出版社

2005年上海大学博士学位论文 18

U0358925

宽带印刷天线与双极化微带及波导缝隙天线阵

- 作者: 汪 伟
- 专业: 电磁场与微波技术
- 导师: 钟顺时

2005 年上海大学博士学位论文　18

宽带印刷天线与双极化微带及波导缝隙天线阵

作　　者：汪　伟
专　　业：电磁场与微波技术
导　　师：钟顺时

上海大学出版社
·上海·

Broadband Printed Antennas and Dual-Polarized Microstrip and Waveguide Slot Antenna Arrays

Candidate: Wang Wei

Major: Electromagnetic Fields and
Microwave Techniques

Supervisor: Prof. Zhong Shunshi

Shanghai University Press

• **Shanghai** •

上 海 大 学

　　本论文经答辩委员会全体委员审查,确认符合上海大学博士学位论文质量要求.

答辩委员会名单:

主任:	李征帆	教授,上海交通大学电子工程系	200030
委员:	安同一	教授,华东师范大学电子系	200062
	徐得名	教授,上海大学通信工程系	200072
	王子华	教授,上海大学通信工程系	200072
	陈随斌	高工,上海航天测控通信研究所	200434
导师:	钟顺时	教授,上海大学通信工程系	200072

答辩委员会对论文的评语

　　针对微波成像综合口径雷达、信息战电子对抗系统和无线通信等实际应用的需求,该论文对宽带、双极化平面单元和阵列作了多方面的创新性研究,具有重要的理论与实用价值.主要创新点有:

　　(1) 对共面波导馈电的宽带单极子印刷天线进行了深入研究,通过对天线结构和几何参数的优化,最后实现了11.2∶1的超宽带阻抗特性.

　　(2) 提出高对称度的双缝耦合双极化微带单元,实测−10 dB反射损失带宽17%,且端口隔离度达到了−40 dB.选用一种高对称度的馈电网络,制成 X 波段宽带双极化16×16 元微带天线面阵.实测两端口−10 dB 反射损失带宽大于20.7%,隔离度优于−32 dB,主瓣内交叉极化电平低于−28 dB.

　　(3) 制成一种很有创新性的宽带单脊波导宽边纵缝天线阵,16 元线阵的实测交叉极化低于−40 dB,阻抗带宽为13.4%.

　　(4) 提出易于加工的切角矩形膜片激励的波导窄边直缝天线阵,并提出了压缩天线厚度技术.最后制成了宽带、高效、低交叉极化的 16×16 元双极化波导缝隙面阵,在边射和扫描20 度时,水平极化和垂直极化波瓣实测交叉极化电平都低于−40 dB,两种线阵的端口隔离度优于−43 dB.

　　论文条理清晰、层次分明、文笔流畅、工作量大,紧密结合工程实际,并能从哲理上进行思考,创新性突出,论文高产,表明汪伟同学对该领域有较深刻的了解,也表明该同学已经具有扎实宽广的基础和专业知识,并具有很强的独立科研能力和创新能力.论文已达到博士学位的要求,是一篇优秀博士论文.

答辩中回答问题正确,经无记名投票,一致通过答辩,并建议授予工学博士学位.

答辩委员会表决结果

经答辩委员会表决,全票同意通过汪伟同学的博士学位论文答辩,建议授予工学博士学位.

答辩委员会主席:李征帆

2005 年 2 月 23 日

摘　要

为满足无线通信、微波成像综合孔径雷达和信息战电子对抗系统等国民经济和军事应用的迫切需求,本论文对几种宽带、双极化平面天线单元和阵列作了较深入的研究,提出了多种创新性设计,并完成了实验验证.

作者的主要成果包括下述四个方面:

(1) 研究了电磁场理论和电磁工程中的对称现象,结合实例说明了对称美对工程设计的指导意义.

(2) 提出两种共面波导馈电的印刷单极天线,研究了天线参数的影响,最后实现了阻抗带宽达 11.2 倍频程的超宽带性能.

(3) 系统研究了宽带双极化微带天线单元及天线阵,分析了单元馈电方式和天线阵馈电网络对双极化天线阵端口隔离度和交叉极化电平的影响,并完成了 X 波段宽带双极化微带天线阵的研制,线阵的两个极化端口实测阻抗带宽达 20.7%,隔离度优于 −32 dB,主瓣内交叉极化电平低于 −28 dB.

(4) 提出一种宽带单脊波导宽边纵缝天线阵,采用新颖的波导馈电方式,实现了该天线阵宽带、横截面压缩、易于加工等优越的性能;同时提出了一种膜片激励波导窄边非倾斜缝隙天线阵,使波导窄边缝隙天线阵的交叉极化电平低至

－36 dB．基于以上两种高性能波导缝隙天线阵的成功研制，制成了 16×16 元宽带、高效率、极低交叉极化的双极化波导缝隙天线面阵．

关键词　宽带，印刷天线，单极天线，共面波导，缝隙天线，微带天线，双极化，隔离，波导缝隙天线，合成孔径雷达(SAR)

Abstract

Meeting the urgent needs of national economic and military applications for wireless communications, microwave image synthetic aperture radar (SAR) and electronic warfares systems, this dissertation makes a deeper study on several kinds of broadband dual-polarized planar antenna elements and arrays, then proposes a few of novel designs and completes their experimental verification.

The author's main contribution includes four parts as follows:

Firstly, the symmetry in electromagnetic fields and engineering is summarized. With the practical examples presented, it is illuminated that the symmetry beauty is very helpful for electromagnetic engineering design.

Secondly, two novel CPW-fed (coplanar waveguide) printed monopole antenna are presented. The impedance characteristics and radiation patterns of the antennas with difference sizes of structures are studied. At last, a test antenna with measured impedance bandwidth up to 11. 2 : 1 is developed.

Thirdly, the broadband microstrip antenna elements and arrays for dual-polarized SAR applications are studied comprehensively. The effects of the feeding approach of radiation elements and the feed networks of arrays on the radiation performance and isolation between H/V ports are analyzed. The development of a X-band broadband dual-polarized microstrip array is completed. Its measured impedance bandwidth reaches 20.7% and the isolation between two ports less than -32 dB and the cross-polarized level below -28 dB, verifying the validation of the design.

Finally, A symmetric rectangular single-ridged waveguide longitude slot antenna array is proposed. With a novel waveguide dividers used, the array realizes broadband, reduced cross-section size and easy fabrication. As the same time, an edge waveguide untilted slot antenna array is suggested, which has a very low cross polarization level (-36 dB) with easy manufacture configuration. Based on the successful designs of these two arrays, a 16×16 broadband dual-polarized waveguide slot antenna array is designed, fabricated and tested, which obtains wide bandwidth, high efficiency and very loss cross-polarization.

Key words broadband, printed antenna, monopole, coplanar waveguide (CPW), slot antenna, microstrip antenna, dual-polarization, isolation, waveguide slot antenna, synthetic aperture radar (SAR).

目　录

第一章 绪 论

1.1 引言

天线是无线电系统中关键设备之一,是电磁波能量由无线设备到空间的转换器. 经过一个多世纪的发展,天线已形式多样、性能各异,广泛应用于通信、广播、雷达、制导、对抗等领域. 随着时代的发展,这些电子设备对天线又提出更高的要求,从而促进了天线技术的蓬勃发展. 并且天线由单纯的电磁波能量转换器发展成兼做信号处理的系统;天线设计从机械结构实现电气功能发展为机电一体化设计;其制造从常规的机械加工发展成印刷和集成工艺. 同时,天线与其他学科的交叉、渗透和结合成为 21 世纪的发展特色[1].

作为印刷天线的重要成员,微带天线由于其独特的结构而具有许多优点:剖面薄、体积小、重量轻,具有平面结构,易于与载体共形,馈电网络可与天线一起制作,适于印刷电路批量生产,能与有源电路集成,便于获得圆极化,容易实现双频段、双极化等多功能等等[2]. 因此,微带天线成为小型化、集成化天线的主角. 宽频带是广大天线工作者孜孜以求的一个目标,尤其是对电子战类天线的应用要求宽带甚至超宽带性能. 近年来,人们探索出各式各样的方法来展宽微带天线的工作带宽,并在这方面取得长足的长进,并且在阻抗带宽展宽的前提下,兼顾了天线辐射方向特性和极化特性、双频或多频、小型化等方面的要求[3],对于通信类天线还要求大频率比和可控频率比的双频宽带能力. 某些设备为了追求极化分集或收发极化隔离,要求两个极化端口具有很高的极化隔离度. 对圆极化天线的新要求,不仅表现在对阻抗带宽的要求,还需要宽的轴比带宽,并且需要在宽的波束范围内具有良好的轴比特性和保持高的极化纯度.

作为平面天线家族中的另一重要成员,波导缝隙天线自二战以来已获得广泛应用,并且其理论与设计技术已非常成熟. 由于其功率容量大、结构简单、易于加工、口径分布容易控制、低损耗和高效率等优点,目前在许多雷达应用中仍占有主流地位. 随着设备新需求的提出,例如带宽的拓宽、极化纯度的提高、横截面积的压缩和减轻重量等,对其进一步研究也是很有价值和现实意义的.

由于广大电磁理论工作者的努力,目前建立于数值计算的电磁场分析方法已得到长足的发展,并且方便、通用的电磁仿真软件广泛应用,这对工程应用类的研究设计人员来说是如虎添翼,可以很快地实现和验证自己的创新设计思想.

本论文采用基于电磁场全波分析方法,先后研究了宽带单极印刷天线、宽带双极化微带天线阵、宽带微带圆极化天线和宽带波导双极化天线,通过仿真与实验,验证了一些新的天线设计构想.

1.2　宽带印刷单极天线进展

单极天线是一种古老的天线形式,主要应用于通信和广播等领域. 随着各种需求,特别是军事保密通信技术中的跳频扩频技术的快速发展,以及电子对抗干扰等应用,对这种结构简单的天线提出了新的挑战.

1.2.1　传统单极天线

单极天线最为简单的形式是四分之一波长的导线单极天线,其结构简单且具有良好的辐射特性,但是只能工作在较窄的频带内. 展宽其带宽可以采用宽带匹配网络或加载的方法,另外采用一些特殊外形的结构可以得到较宽的带宽,例如圆锥天线、盘锥天线[4]和套筒天线[5],以及其他形式旋转对称结构的单极天线[6],如图 1.1 所示. 圆锥天线在锥角足够大时,天线的输入阻抗随电高度变化平缓,尤其在锥角接近 90°时,天线的输入电抗在电长度高度大于四分之一波长后几乎为零,输入电阻接近于 50 Ω,因此可以实现宽带性能. 盘锥天线的宽带特性得益于其特殊的几何结构和非对称的激励方式,它可以看成为上下锥角不同的双锥天线,其上锥角为 180°,下锥角 0°～180°之间,具有很低的特性阻抗,当下锥角为 90°时,其特性阻抗接近 50 Ω. 另一方面,盘锥天线可以看为两个串联的单极天线,合理设计两个单极天线,使两个单极天线的输入阻抗随频率的变化起到互补作用,从而实现展宽带宽. 套筒天线利用其内部结构,获得阻抗变换,使之在几个倍频程内具有良好的驻波特性,较高的增益和基本稳定的方向图. 其他旋转对称结构的单极天线还包括球形天线和改进锥形天线等,这些结构主要是采用在圆锥上部接不同平滑过渡段,使电流的反射系数很小,接近于具有非频变性质的无限长圆锥天线,从而有效地展宽了带宽.

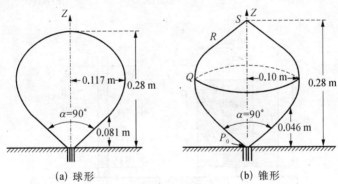

(a) 球形　　　　　　　　(b) 锥形

图 1.1　旋转对称结构单极天线

1.2.2　平面单极天线

随着固态有源电路的快速发展以及对电子设备轻型化、小型化要求的提高,需要天线方便地与其他电路集成[7],这一需求促进了天线小型化、平面化的发展. 将原来三维结构的天线转换成平面天线是非常普遍的做法. 近来,人们采用这种平面结构代替原来的三维结构的辐射部分已取得相当成绩[8~11]，并且由于平面印刷天线可以制作各种形状的构形，因此改善阻抗带宽和辐射特性更加方便，图 1.2 是文献[8]和[9]中所述的平面天线，前者(图(a))电压驻波比小于 2 的阻抗带宽超过了 8∶1 倍频程，后者(图(b))在 60% 的频带内电压驻波比小于 1.5，并且在整个带内具有稳定的辐射方向图. 另外，用两个正交的平面印刷单极天线可以方便地实现双极化功能，增加通信系统的容量[12].

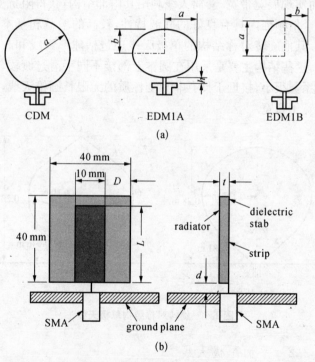

图 1.2 宽带平面天线结构[8,9]

不久前分形概念的引入，又给天线宽频/多频和小型化带来了新的设计思路. 分形的一个重要特性就是自相似性，即，局部的形态与整体形态的相似，理想状态下，放大或缩小某部分其结构不改变. 这一特性使依赖于天线结构尺寸的天线电参数也具有分形特性,即多频特性,也可以缩小天线的几何尺寸[13].

此外,在两个或多个频率工作在无线通信应用中也产生了各种天线[14~18],主要是通过特殊的平面结构来产生不同的谐振频率,如对倒 F 形及在其基础上开发的各式平面天线.

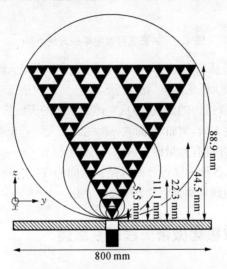

图 1.3   分形构形平面天线[13]

1.2.3   共面波导馈电单极天线

平面天线馈线种类较多,例如:微带线、带状线、槽线和共面波导线等等,对这几种传输线的结构进行比较,由于共面波导的导带和接地板都处于介质板的同一面,这种结构更易于和其他电路或固态器件集成,同时,相对于微带线而言,共面波导线具有更小的辐射和色散性能.进而可将接地板和馈线改为与平面天线共面,即,形成用共面波导馈电的平面单极印刷天线[19~23],如图 1.4 所示.这样的天线在体积上更具优势,可以采用印刷的方式批量加工,并能方便地与其他电路相集成.

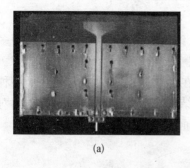 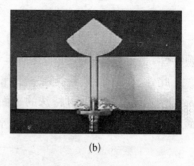

(a)   (b)

图 1.4　共面波导馈电单极天线[19,20]

　　上面给出了从三维宽带单极天线到平面印刷单极天线以及共面波导馈电的平面单极天线的基本情况,当然,对于宽带单极天线的形式并不仅仅这些,同时需要指出的是,这种从立体到平面的天线形式变迁,同样适合与其他类型的天线,例如,共面波导馈的偶极天线近来也引起广大天线工作者的注意,并且有大量研究成果涌现,此处不再一一列出.这也说明了一个问题,即,各种天线设计的思路是相同的,往往一种天线的设计方法可以直接应用到其他类型的天线设计中去.

1.3　宽带双极化微带天线研究综述

　　对微带天线的研究非常广泛,参考文献可谓汗牛充栋,其中展宽带宽的方法众多,但也可以划分成几个大类型:采用厚基片法、共面/上下多个寄生单元法、贴片开槽法、阻抗匹配法以及外加负载等方法.下面列举几种有效的基本方法.

1.3.1　宽带微带天线

　　微带天线是一种谐振式天线,等效为一个高 Q 值的并联谐振电路,对于薄微带天线,其驻波不大于 ρ 的相对带宽为[2]:

$$BW = \frac{\rho-1}{\sqrt{\rho}Q} \times 100\%$$

此式说明,降低谐振电路的 Q 值可以展宽微带天线的工作频带,其方法之一就是增加天线基片的厚度[24].

一些在馈电方法上采取措施,往往收到明显的效果,图1.5(a)是采用 L 形探针馈电的微带天线[25],其单层贴片时阻抗带宽达到 50%(电压驻波比小于 2.0),采用斜坡式微带馈电,天线带宽可以进一步展宽[26].另外,将平面贴片改为具有一定坡度或形状的辐射单元也可以展宽带宽[27,28],如图1.5(b)所示,这些馈线和贴片上的改变,带来天线带宽展宽的同时,也牺牲了微带天线易于加工的一部分优点,尤其是组成大型天线阵时,这些形式的天线单元将变得不再合适.

共面多个寄生贴片方法[29~31](参看图1.5(c)),可以带来电宽方面的好处,但相应地使天线单元面积增加,在使用上有所限制,特别是在需要扫描的平面阵中.而采用多层贴片来展宽微带天线[2,32](参

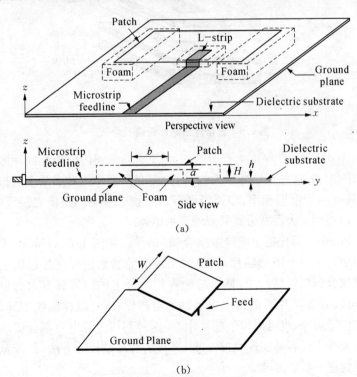

(a)

(b)

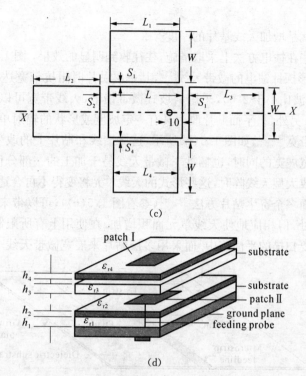

(c)

(d)

图 1.5　宽带微带贴片天线[25,27,29,30]

图 1.5(d))只是在厚度上有所增加,而不会带来组阵时单元间距限制带来的困扰. 这种双层贴片天线,因为拥有两个导体形成两个谐振电路,具有两个谐振频率,当适当调节两个谐振频率间距使之接近时,就可以得到大大展宽带宽的双峰谐振电路.

　　Pozar[33]首先提出的缝隙耦合微带天线,如图 1.6(a)所示,天线辐射单元是一个矩形贴片,馈电微带线的能量通过开在接地板上的缝隙耦合到辐射贴片上,耦合缝隙在接地板上的位置具有大的自由度,可以开在贴片下面偏离矩形贴片对称轴,也可以在轴线中间,既可以位于边缘,也可以位于贴片中心. 这种利用缝隙电磁耦合馈电的贴片天线不仅容易实现宽带性能[34,35],结合双贴片等方法,其带宽可以得到进一步展宽[36~40].

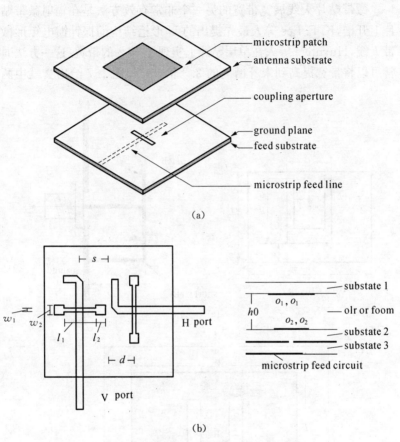

(a)

(b)

图 1.6 缝隙耦合微带天线[33,41]

由于开缝位置可以不同,当开双缝进行电磁耦合时,就实现了双极化功能[41~44],图 1.6(b)是一种开两个缝隙实现双极化的应用实例. 并且由于天线辐射贴片与馈电微带线由金属接地板隔开,因此排除了二者之间的相互干扰,消除了馈电微带线寄生辐射对方向图的影响,并且可以单独进行设计. 这种天线的发明,将微带天线设计引入一个新的天地.

微带贴片天线展宽带宽的另一个非常有效方法是在辐射微带贴片上开槽，K. F. Lee 等人最先提出的 U 形槽结构的探针馈电矩形微带天线，Huynh[45] 等人在单层贴片上实现了 47％ 的带宽. 这一方法通常可以将带宽提高到未开槽前的 2.3 倍[45~49]. 图 1.7 给出文献中两

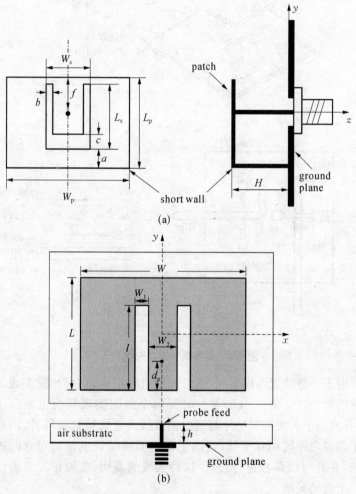

(a)

(b)

图 1.7　宽带开槽贴片天线[45~48]

种开槽贴片天线形式,前者电压驻波比小于2的阻抗带宽达到27%,后者实现了24%的阻抗带宽.当这种开槽天线与双层贴片方法相结合时,可以得到更宽的阻抗带宽[50].其他还有一些在U形槽基础上发展来的开槽方法,此处不再一列出.

1.3.2　宽带双极化微带天线

上面列举了展宽微带贴片天线带宽的基本方法,对于单极化应用各方法都有效可行,但是对于极化隔离要求高的双极化天线应用,可选择的方法就有所限制.并且此时对天线的极化隔离和辐射方向图的极化纯度要求已上升到与带宽同等重要,甚至更高.为了提高两个极化端口的隔离,以及两种极化形式辐射方向图的一致性,通常要求天线单元具有两维对称结构.图1.5(a)中的单元外加一个极化馈电微带线,可以实现宽带双极化工作模式[51],但这种结构L形微带馈电结构增加了在大型天线阵中加工难度.

参考国内外公开发表的文献,采用方形和圆形等两维对称结构的贴片天线是最为切实可行的,通常都是采用多层贴片来展宽工作带宽,并且对天线的设计已主要围绕提高极化隔离和降低交叉极化来进行.两个端口的激励有多种形式,可以根据需要选择其馈电方式,早期采用两个极化端口都由探针馈电[52~53],如图1.8所示,其反射损耗小于−10 dB的阻抗带宽为15%,极化端口隔离优于−20 dB,交叉极化电平在−25 dB左右.

采用探阵馈电虽然是一个可行的方案,但是考虑到垂直连接结构不利于大型天线阵的加工,后来在天线阵中采用平面馈电的方式较多.一种是共面微带线馈电方式[54~57],馈电微带线直接与辐射贴片相连或开路微带线通过电磁耦合激励贴片.由于微带线与辐射贴片位于金属接地板同一侧,这种结构馈电微带线的寄生辐射对天线的辐射方向图有一定影响,另外,在平面天线阵中馈线距离辐射贴偏近时,对天线的极化纯度和极化隔离影响较大.对于共面微带线馈电贴片,可以采取一些措施来提高其极化纯度,例如对介质板的合适选择可以达到这一目的[57].

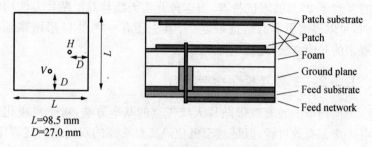

L=98.5 mm
D=27.0 mm

图 1.8　探针馈电微带贴片天线[52]

　　另一种平面馈电是双极化端口都采用缝隙耦合馈电[58~66](参看图 1.9(a)),这种结构使馈电微带线与辐射单元通过开缝的金属接地板隔开,位于接地板两侧,因此馈电微带线对贴片的辐射几乎没有影响. 对于天线阵应用,馈电网络和天线单元可以单独设计,降低了天线阵的设计难度,但这种方法的缺陷是由于馈电线位于接地板之下,为了减小其后向辐射以及解决天线阵的安装问题,在馈电网络后侧需要外加金属反射板,这就增加了天线阵面的厚度. 这种双缝耦合双极化天线其缝隙形状和位置多样,文献[58~60]中将两个缝隙分别偏离两个中心线——"L"形,这种结构天线单元的端口隔离可以达到−18 dB[59]. 而文献[42,61,62]中则是将耦合缝隙排成"T"形,提高了天线的端口隔离,做这种改进后端口隔离可以达到−40 dB 左右,交叉极化低于−22 dB[41]. 两个缝隙也可以正交地安排在贴片中心下面,构成十字形结构[63~67](参看图 1.9(b)),两个馈电微带线则安排在一层薄介质板的两侧,分别对十字槽激励,实现双极化功能,这种结构增加了一层介质,这对多层贴片粘结的胶层要求非常高. 这种类型的馈电方式隔离可以做到低于−30 dB,比"T"结构稍差,这是由于耦合缝和馈电微带线相交带来一定的耦合所导致. 对十字耦合槽还有采用叉状结构的馈电结构见于报道[67],如图 1.9(c)所示.

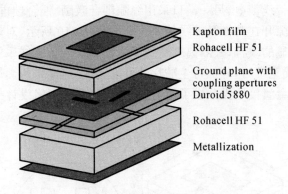

Kapton film
Rohacell HF 51

Ground plane with
coupling apertures
Duroid 5 880

Rohacell HF 51

Metallization

（a）文献[58]中天线单元

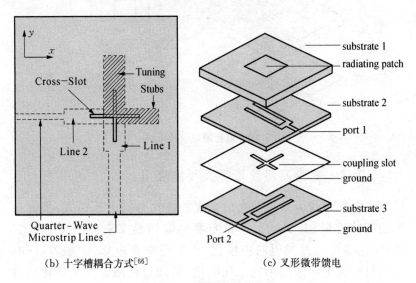

（b）十字槽耦合方式[66]　　　　　（c）叉形微带馈电

图 1.9　双缝耦合贴片天线

对于宽带双极化微带天线阵,当较多辐射单元采用并馈网络构成线阵,并由此线阵组成大型平面天线阵时,需要解决馈电网络空间布线问题.缝隙耦合与共面微带线相结合的混合馈电方式[68~73]是解决方法之一,此方法结合了上面两种馈电方式,一个极化端口用共面微带线馈电,另一端口采用缝隙耦合激励. 混合馈电中,如果将耦合缝隙开在共面微带线的轴线上,如图 1.10 所示,对端口隔离将带来明显的改善,其隔离度达到了−45 dB[73],该天线采用单层贴片,当需要宽带时,外加寄生贴片就可以实现. 这样将两套馈电功分网络通过金属接地板分成了两个独立的部分,为网络设计提供了充裕的空间.

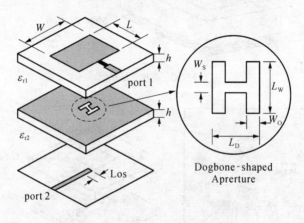

图 1.10 混合馈电贴片天线[73]

1.3.3 宽带双极化微带天线阵应用

双极化天线可以用于通信系统的极化分极工作模式,提高系统的通信容量. 其另一个非常重要的应用是多极化合成孔径雷达,雷达系统通过发射两种极化(水平与垂直极化)电磁波,同时接收目标反射回来的不同极化能量,实现目标回波的全极化信息提取,这样就提高了对目标的信息量的获得,增加了对目标识别的能力. 具有这种能力的合成孔径雷达是目前研究的热点之一,并已装备于飞机和卫星上. 图 1.11(a)中是德国空间中心(DLR)X 波段双极化机载合成孔径雷达系统,图 1.11(b)是其双极化微带天线的基本结构,天线采用十字槽耦合的双极化双贴片天线,其设计带宽为 1 GHz,中心频率9.6 GHz. 图 1.12 是欧洲空间总署(ESA)的 ASAR C 波段合成孔径雷达系统,天线采用固态有源微带相控阵,设计中心频率是 5.3 GHz,双极化工作模式,其带宽只要求 16 MHz.

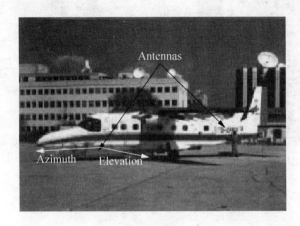

(a) 机载系统

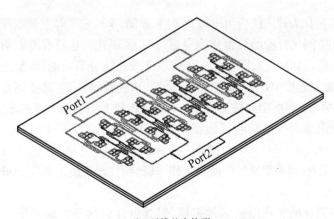

(b) 天线基本构形

图 1.11　机载合成孔径雷达

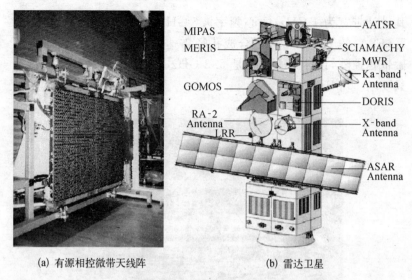

(a) 有源相控微带天线阵　　　　　(b) 雷达卫星

图 1.12　星载合成孔径雷达

1.4　圆极化微带天线综述

　　圆极化天线广泛应用于微波遥感、遥测、全球定位和卫星电视地面接收和空间飞行器的数据传输等系统中. 圆极化雷达具有抑制雨雾干扰的功能,另外,左右圆极化工作可以实现极化分集功能,增加通信容量. 在遥测遥控中,由于被测目标(导弹、火箭弹等)的运动姿态在飞行过程中不断变化,随之被测信号的电磁场极化方向也在不断地改变,因此都要求地面微波接收天线圆极化工作. 美国的 GPS 全球定位系统(1.56～1.59 GHz)和俄罗斯的 Glonass 导航卫星系统(1.602～1.625 GHz)都采用圆极化模式工作,其地面接收系统也采用圆极化天线工作.

　　圆极化的实现形式多种多样,但其设计仍然是根据其最基本的原则：天线在空间产生两个等幅正交分量,并且两者之间相位差 90°. 其空间产生的瞬时电磁波沿传播方向按左手螺旋的方向旋转,则称之为左旋圆极化(LCP),反之则为右旋圆极化(RCP),两者在设计上只是两个正交分量超前或落后 $90°$ 相位差的区别.

1.4.1 单馈点圆极化微带天线

微带天线具有独特的优点,其辐射单元的形状、馈电方式的多样化,因此采用微带天线很容易实现圆极化,实现圆极化方法主要有三类[2]:单点馈电、多点馈点和多元法.其基本单元见图 1.13[74].微带天线最简单的馈电方式是单点激励法[75~87],利用微带贴片的两个辐射正交极化的简并模工作.贴片可以是矩形、圆形、圆环、三角形[77,78]、五角形[79]和正多边形[80]等.对于单点馈电微带天线,需要引入微扰元来实现圆极化辐射条件,主要方法有切角、表面开槽、边缘凸起和凹槽等方法.尽管单点馈电简单易行,但其轴比带宽较窄,一般只能达到百分之几的带宽.

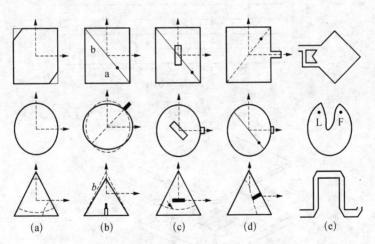

(a)　　　(b)　　　(c)　　　(d)　　　(e)

图 1.13　圆极化微带天线单元基本结构

单馈点贴片天线可以采用多层贴片[84]和高低介电常数相结合的基片来展宽其工作带宽[85],文献[85]中方法使单点馈点的圆极化天线 3 dB 轴比带宽达到 18%,双馈点实现 32% 的性能,如图 1.14 所示.

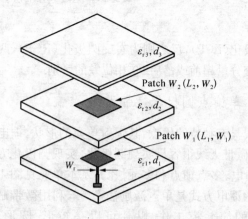

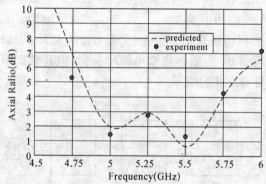

（a）单馈点

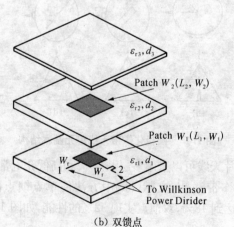

（b）双馈点

图 1.14 文献[84]天线结构及轴比带宽

另外,有机高分子磁性材料制成的微带天线具有宽频带优点,这种材料的使用,降低了因天线小型化在贴片开槽带来的频带变窄的缺陷,文献[86]中的磁性材料圆极化天线,通过开槽使天线尺寸缩减了78%,其圆极化带宽为1.3%,而−10 dB阻抗带宽达到10.1%.而另一种全新的圆极化天线形式采用表面电阻极低的高温超导(HTS)材料代替普通的金属贴片,这一辐射贴片的采用,带来高增益的同时可以实现更大的辐射方向图半功率宽度[87].对于目前广泛关注的新材料——光子带隙结构,应用于圆极化天线也可以达到展宽带宽的功能[88],可以将阻抗带宽比参考天线展宽1.6倍和轴比带宽展宽2.7倍左右.

1.4.2 多馈点圆极化微带天线

尽管对于单馈点圆极化天线,人们已发展出多种拓展工作带宽的方法,但相对而言,采用多点馈电的方法更容易展宽圆极化天线的轴比带宽[74].多点馈电还存在馈电网络复杂、成本高和尺寸大的缺陷,但是当采用适当平面设计批量印刷加工时,也可以降低这些方面的缺点.

对于展宽带宽的多点馈电圆极化天线,最为直接的方法是采用一个具有90°相位差的等功率分配器对贴片天线激励,这种设计分首先需要选择合适的宽带微带天线,然后设计对其馈电的具有90°相位差宽带3 dB功分器.这类功分器主要有三种:简单的T形接头功分器,90°相位差由四分之一波长传输线实现;Willkinson功分器,相位要求仍然是采用传输线实现;90°混合电桥.第一种方法最为简单,但由于两个输出端口之间无隔离,如各输出端对天线馈电匹配不好的话,相互影响比较严重,从而影响带宽性能;Willkinson功分器两个输出端口有隔离电阻,因此降低了两种极化之间的干扰,可以实现宽的工作带宽;90°混合电桥则是利用两个输出端口固有的相位差,这一相位差在一定范围内随频率变化较小,优于采用传输线实现的性能,另外,利用这一四端口网络,很容易实现左/右圆极化的功能或变圆极化功能,这种电路带宽一般在 $10\%\sim20\%$ 左右,但可以增加其级数来展宽带宽[89]. 当宽带贴片天线与宽带功分器很好结合时,就可以实现性能优良的宽带圆极化天线[90~95]. W. L. Wong[90] 等人采用 Willkinson 功分器和电容耦合对单贴片天线馈电,如图 1.15 所示,实现了 49% 的阻抗带宽和 35% 的 3 dB 轴比带宽,这种结构得益于采用电磁耦合的宽带微带贴片天线. 图 1.14(b)中的天线则是采用了双贴片天线来展宽带宽. 正如前面所述,采用缝隙耦合贴片方式可以得到宽带性能,同样利用 Willkinson 功分器实现宽带圆极化天线[91],如图 1.16 所示,该天线电压驻波比小于 2 的阻抗带宽为 54.7%,1 dB 轴比带宽为 9.8%.

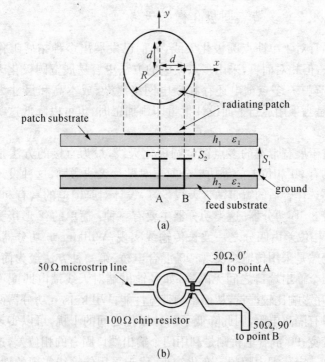

图 1.15 双馈点电磁耦合圆极化贴片天线[90]

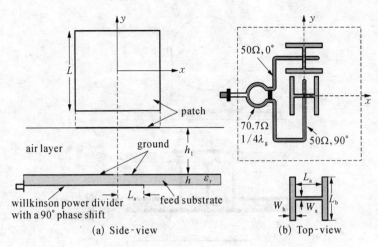

(a) Side-view   (b) Top-view

图 1.16　双馈点缝隙耦合圆极化贴片天线[91]

　　基于对称考虑,有人提出采用平衡四点馈电来实现宽带宽角圆极化贴片天线[93,94],如图 1.17 所示,该文献[93]中采用双贴片和容性耦合馈电展宽天线的工作带宽,用四个探针对其下面的辐射贴片平衡馈电,抑制了高次模式对天线极化的影响,天线实测 VSWR 小于 2 和宽角轴比带宽(45°圆锥空域内 AR≤3 dB)都大于 26%.

　　用 3 dB 电桥馈电缝隙耦合贴片天线[95]基本结构如图 1.18 所示,辐射天线是单贴片缝隙耦合结构,两个缝隙呈 L 形排列,天线在 5.65~5.95 GHz 范围内轴比小于 3 dB.分别对两个输入端口激励时,实现变圆极化功能.文献[96]则将耦合缝隙改为蝴蝶结形,展宽圆极化天线的阻抗(28%)和轴比带宽(15%).

　　以上给出三种主要馈电方法的圆极化贴片天线形式,除此之外,还有多种方式可以实现微带天线的宽带圆极化.例如对数周期微带巴仑馈电的宽带圆极化天线[97],其 3 dB 轴比带宽达到 30%.但其结构比较复杂,体积也比较大.

　　圆极化微带天线还有其他诸如利用多个线极化辐射元组成的天线阵,例如对两个贴片单元激励相互正交外加 90°相位的等幅信号,

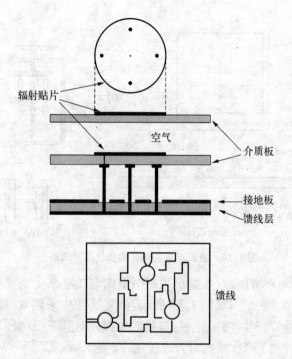

辐射贴片

空气

介质板

接地板

馈线层

馈线

图 1.17 平衡馈电圆极化贴片天线[93]

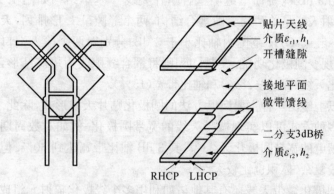

贴片天线

介质 ε_{r1}, h_1

开槽缝隙

接地平面

微带馈线

二分支 3dB 桥

介质 ε_{r2}, h_2

RHCP LHCP

图 1.18 电桥馈电圆极化贴片天线[94]

则可以得到圆极化场,但是这种方法,由于单元之间存在空间波程差,仅能在侧射方向产生较好轴比的圆极化波,偏离侧射方向则轴比很快变坏[2]. 对于圆极化天线的研究还有小型化、多频段等方面,采用不同的馈电传输线也是人们研究方向之一,限于篇幅,此处不再一一叙述.

1.5 宽带波导缝隙天线阵研究

作为平面天线的另一个重要形式,波导缝隙天线目前在雷达和通信领域仍占有举足轻重的地位,特别是其高功率容量、低损耗、自身强度高,能精确地控制口面幅度和相位分布,容易实现低副瓣性能等优点,使其在某些应用中扮演着重要角色,例如无源远程警戒、机载火控、导弹寻敌以及合成孔径雷达等系统. 波导缝隙天线虽然拥有不少优点,但是其也有固有的缺陷,即工作频带很窄,相对带宽一般在1‰到4%之间. 但是随着需求的发展,目前一些应用对波导缝隙天线阵的带宽也提出要求,例如高分辨率合成孔径雷达[98];同时,在这一应用中有的需要单极化,有的需要双极化,并且对交叉极化抑制要求高,一般需要低于−25 dB. 因此,对宽带、低交叉极化的两种极化形式波导缝隙天线阵进行研究是具有非常现实意义的. 图1.19所示为欧空局发展的C波段双极化波导缝隙天线阵[99]和德国的X波段双极化波导缝隙天线阵[100],前者中心频率为5.3 GHz,带宽150 MHz,交叉极化低于−35 dB,后者中心频率为9.6 GHz,工作带宽大于150 MHz,交叉极化低于−30 dB. 两者都采用全极化工作模式.

波导缝隙天线的研究始于20世纪40年代,经过半个多世纪的发展,目前对于波导辐射缝隙和波导缝隙阵的分析和设计已较为成熟. Stevenson[101]于1948在分析波导缝隙方面做了开创性的工作,他提出了有关缝隙口径电场的积分方程,并给出缝隙谐振长度的近似解. 该方法求出了电导的计算公式,但无法求得其电纳部分. Oliner[102]采用缝隙无功功率的变分表达式,第一次求出波导宽边纵缝导纳的实

（a）ASAR 双极化波导平面阵

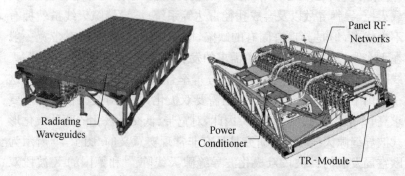

（b）TerraSAR 有源双极化波导天线阵

图 1.19　合成孔径雷达应用中的波导天线阵

部和虚部,并利用微波网络模拟了考虑波导壁厚的因素. 变分公式在
计算上比较简单,但要求预先给定缝面电场分布函数,所以仍然比较
粗略,无法引入高次模,也难于精确计算壁厚的影响. 随着计算机和
计算方法的发展,基于矩量法[103]的应用,使波导缝隙问题的研究向
前推进了一大步. 其后,Khac[104] 和 Lyon[105] 等在波导单缝方面又做
了进一步研究. Kay[104] 等人在 Stevenson[101] 的公式基础上进行了宽
边纵向双缝互耦的研究,认为当阵列副瓣电平低于 −30 dB 时,互耦

因素将对天线辐射性能产生显著影响. 后来随着其他数值计算方法的广泛应用,人们利用有限元法、有限积分法和有限差分法等方法对这些问题进行了深入研究,这使目前对波导缝隙及互耦问题的研究已变得非常方便.

对于波导缝隙天线阵,由于 Elliott 和其他专家的贡献[106~112],使这方面的理论已达成熟阶段. 波导缝隙天线阵包括两种,即行波阵和谐振阵. 前者波导辐射缝隙间距偏离半个波导波长,一端激励,另一端接匹配负载,电磁波在波导内呈行波状态,通常应用于大型天线阵中;后者单元间距为半个波导波长,一端激励,另一端在离最后一个辐射缝隙四分之一波导波长处短路,波导内电磁波呈驻波状态,这种阵一般用于小型阵列. 前者频带宽些,但在大型阵中由于波导传输损耗及终端负载的吸收,其效率低,后者一般效率高于前者,而带宽窄些. 但总体而言,由于频率偏离设计中心频率时,每个辐射缝隙上的幅度和相位都偏离要求的口径分布,因此工作频带都较窄. Taeshima 和 Isogai[113] 给出了谐振阵中电压驻波比与缝隙数及工作带宽的近似关系式. 文献[114]中采用迭代法和直接法,并且考虑互耦的影响来预测带宽. 早期人们采用串-并联缝隙、倾斜偏置缝[115]或分别匹配每个缝隙的方法[116]来展宽带宽,但是采用串-并联或倾斜偏置缝隙将带来另一极化分量增加的问题,而匹配每个缝隙对于天线阵设计来说仍是比较困难的事. 提高带宽的一个有效办法是将天线划分成多个子阵,各个子阵由功分网络馈电.

对于波导缝隙阵的设计,还有一个重要问题需要考虑,即交叉极化的抑制,特别是波导窄边倾斜缝隙天线阵. 抑制的基本思想是抑制交叉极化场的辐射而又尽量不影响主极化场的辐射,通常的做法是[110]:(1)在缝隙阵前方加平行栅网,控制栅条的间隔和粗细得到需要的抑制量;(2)直接在缝隙阵上加装平行隔板,隔板间距小于二分之一波长,使交叉极化场不能通过;(3)利用扼流槽来抑制交叉场所激励的表面电流. 另外,还可以通过波导线阵间缝隙倾角交替放置来抑制交叉极化分量,当天线扫描角较大时,采用此方法其交叉极化

2005 年上海大学
博士学位论文 ■

瓣仍在实空间出现,这就需要多种方法结合来克服这一缺陷[117]. 最近人们采用倾斜金属棒或切角金属模片[118]来激励波导窄边非倾斜缝来实现波导窄边缝隙天线,这种设计极大地抑制了交叉极化分量的产生,并且在天线非主面方向图和扫描时同样有效.

1.6 本文数值计算方法

自 1873 年麦克斯韦建立电磁场基本方程以来,电磁波理论和应用的发展已经过了 100 多年的历史. 对电磁分布边值问题的求解从图解、模拟、解析到目前所采用的数值计算方法,经历了四个过程. 解析方法只能解决一些经典问题,具体到复杂的实际环境,往往需要通过数值解得到具体环境中的电磁波特性. 随着计算机技术的发展,已提出多种实用有效的求解麦克斯韦方程的数值方法. 例如矩量法、有限元法、边界元法、有限积分法和时域有限差分法等. 对这些数值方法的研究和介绍可以在大量文献中查阅,此处结合常用的商业电磁仿真软件,主要介绍几种将要用到的方法.

1.6.1 有限元法

基于有限元方法计算电磁问题,其基本构想是将由偏微分方程表征的连续函数所在的封闭场域划分成有限个小区域,每个小区域用一个选定的近似函数来代替,于是整个场域上的函数被离散化,由此获得一组近似的代数方程,并联立求解,以获得该场域中函数的近似数值.

广义的来说,三维麦克斯韦方程是三维电磁问题的三维支配方程,但是,一般情况下为了方便求解和建模,大多选取由麦克斯韦方程组的前两个旋度方程导出的电场强度满足的矢量亥姆赫兹方程作为支配方程. 比如,Ansoft HFSS 软件的支配方程为[119]:

$$\nabla \times \left(\frac{1}{\mu_r} \nabla \times \boldsymbol{E}\right) - k_0^2 \varepsilon_r \boldsymbol{E} = 0 \qquad (1.1)$$

由变分原理,上式的泛函可以写为:

$$F(\boldsymbol{E}) = \iiint_\Omega \left\{ \frac{1}{\mu_r} (\nabla \times \boldsymbol{E}) \cdot (\nabla \times \boldsymbol{E}) - k_0^2 \varepsilon_r \boldsymbol{E} \cdot \boldsymbol{E} \right\} d\Omega \quad (1.2)$$

将这一个三维问题的泛函通过多面体离散成单元小矩阵,矩形块、四面体和六面体等都可以被选用做基本的离散单元,但是,不同离散单元对于有限元运算的精度、速度和内存需求都有不同. Ansoft HFSS 采用四面体作为基本离散单元,如图 1.20 所示,并选用 20 世纪 80 年代以后才被应用于电磁学中的棱边元作为矢量基函数.

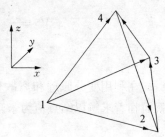

图 1.20   四面体单元

假设图 2.4 所示的四面体内的未知函数 ϕ^e 能够近似为:

$$\phi^e = a^e + b^e x + c^e y + d^e z \quad (1.3)$$

则用四个顶点处的值 $\phi_i^e (i = 1, 2, 3, 4)$ 来表示:

$$\phi^e(x, y, z) = \sum_{i=1}^4 L_i^e(x, y, z) \phi_i^e \quad (1.4)$$

式中,插值函数 $L_i^e(x, y, z)$ 为:

$$L_i^e(x, y, z) = \frac{1}{6V^e} (a_i^e + b_i^e x + c_i^e y + d_i^e z) \quad (1.5)$$

而 a_i^e, b_i^e, c_i^e, d_i^e 由下列等式获得:

$$a^e = \frac{1}{6V^e} (a_1^e \phi_1^e + a_2^e \phi_2^e + a_3^e \phi_3^e + a_4^e \phi_4^e) \quad (1.6)$$

$$b^e = \frac{1}{6V^e} (b_1^e \phi_1^e + b_2^e \phi_2^e + b_3^e \phi_3^e + b_4^e \phi_4^e) \quad (1.7)$$

$$c^e = \frac{1}{6V^e} (c_1^e \phi_1^e + c_2^e \phi_2^e + c_3^e \phi_3^e + c_4^e \phi_4^e) \quad (1.8)$$

$$d^e = \frac{1}{6V^e}(d_1^e \phi_1^e + d_2^e \phi_2^e + d_3^e \phi_3^e + d_4^e \phi_4^e) \qquad (1.9)$$

其中，

$$V^e = \frac{1}{6}\begin{vmatrix} 1 & 1 & 1 & 1 \\ x_1^e & x_2^e & x_3^e & x_4^e \\ y_1^e & y_2^e & y_3^e & y_4^e \\ z_1^e & z_2^e & z_3^e & z_4^e \end{vmatrix} \qquad (1.10)$$

在利用变分原理和离散化方法建立了有限元矩阵方程后，我们就面临着求解以结点值为未知数的矩阵方程. 将方程写为：

$$Ax = b \qquad (1.11)$$

式中系数矩阵 A 是一个 $n \times n$ 方阵，x 是待求解的未知量，b 表示已知向量. 求得这个矩阵方程得到问题空间的电磁场解，并进而求得所需参数，例如散射参数等.

1.6.2 时域有限差分法

该方法是 K. S. Yee[120] 于 1966 年首次提出，其主要思想是对电磁场的 E 和 H 分量在空间和时间上交替抽样，将含有时间变量的麦克斯韦旋度方程组转化为一组差分方程，并在时间轴上逐步推进地求解空间电磁场. 由于该方法在计算中将空间某一样本点的电场或磁场与周围格点的磁场或电场直接相关联，且介质参数已赋值给空间每一元胞，因此，它可以处理复杂形状目标和非均匀介质的电磁散射和辐射问题.

此处所说元胞，即 Yee 元胞，E、H 分量在空间和时间上采取交替抽样的离散方式，每个 E 场(或 H 场)分量周围有四个 H 场(或 E 场)分量环绕，如图 1.21 所示. 这种抽样方式不仅符合法拉第感应定律和安培环路定律的自然结构，而且电磁场的空间相对位置也适合于麦克斯韦方程的差分计算，恰当地描述了电磁场的传播特性. 此外，电场和磁场在时间上顺序交替抽样,抽样时间间隔彼此相差半个时间步长,使麦克斯韦旋度方程离散后构成显式差分方程,从而在时间上迭代求解,而不需要进行矩阵求逆运算. 由给定初始值,逐步推进求得以后各个时刻空间电磁场的分布.

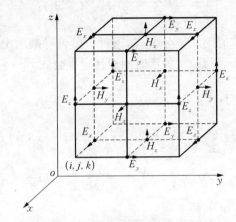

图 1.21　FDTD 离散中的 Yee 元胞

FDTD 方法的出发点是麦克斯韦两个旋度公式:

$$\nabla \times \boldsymbol{H} = \frac{\partial \boldsymbol{D}}{\partial t} + \boldsymbol{J} \tag{1.12}$$

$$\nabla \times \boldsymbol{E} = -\frac{\partial \boldsymbol{B}}{\partial t} - J_m \tag{1.13}$$

在直角坐标系下,展为四个微分公式:

$$\begin{cases} \dfrac{\partial H_z}{\partial y} - \dfrac{\partial H_y}{\partial z} = \varepsilon \dfrac{\partial E_x}{\partial t} + \sigma E_x \\[2mm] \dfrac{\partial H_x}{\partial z} - \dfrac{\partial H_z}{\partial x} = \varepsilon \dfrac{\partial E_y}{\partial t} + \sigma E_y \\[2mm] \dfrac{\partial H_y}{\partial x} - \dfrac{\partial H_x}{\partial y} = \varepsilon \dfrac{\partial E_z}{\partial t} + \sigma E_z \end{cases} \tag{1.14}$$

$$\begin{cases} \dfrac{\partial E_z}{\partial y} - \dfrac{\partial E_y}{\partial z} = -\mu\dfrac{\partial H_x}{\partial t} - \sigma_m H_x \\[2mm] \dfrac{\partial E_x}{\partial z} - \dfrac{\partial E_z}{\partial x} = -\mu\dfrac{\partial H_y}{\partial t} - \sigma_m H_y \\[2mm] \dfrac{\partial E_y}{\partial x} - \dfrac{\partial E_x}{\partial y} = -\mu\dfrac{\partial H_z}{\partial t} - \sigma_m H_z \end{cases} \tag{1.15}$$

这些关于空间和时间的微分公式,通过一阶偏导数取中心差分近似,得到(2.11)式和(2.12)式关于时间迭代递推公式[121]:

$$E_x^{n+1}\left(i+\frac{1}{2}, j, k\right)$$

$$= E_x^n\left(i+\frac{1}{2}, j, k\right) + \frac{\Delta t}{\varepsilon\Delta y}\Big[H_z^{n+1/2}\left(i+\frac{1}{2}, j+\frac{1}{2}, k\right)$$

$$- H_z^{n+1/2}\left(i+\frac{1}{2}, j-\frac{1}{2}, k\right)\Big] - \frac{\Delta t}{\varepsilon\Delta z}\Big[H_y^{n+1/2}\left(i+\frac{1}{2}, j, k+\frac{1}{2}\right)$$

$$- H_y^{n+1/2}\left(i+\frac{1}{2}, j, k-\frac{1}{2}\right)\Big] \tag{1.16}$$

$$E_y^{n+1}\left(i, j+\frac{1}{2}, k\right)$$

$$= E_y^n\left(i, j+\frac{1}{2}, k\right) + \frac{\Delta t}{\varepsilon\Delta z}\Big[H_x^{n+1/2}\left(i, j+\frac{1}{2}, k+\frac{1}{2}\right)$$

$$- H_x^{n+1/2}\left(i, j+\frac{1}{2}, k-\frac{1}{2}\right)\Big] - \frac{\Delta t}{\varepsilon\Delta x}\Big[H_z^{n+1/2}\left(i+\frac{1}{2}, j+\frac{1}{2}, k\right)$$

$$- H_z^{n+1/2}\left(i-\frac{1}{2}, j+\frac{1}{2}, k\right)\Big] \tag{1.17}$$

$$E_z^{n+1}\left(i, j, k+\frac{1}{2}\right)$$

$$= E_z^n\left(i, j, k+\frac{1}{2}\right) + \frac{\Delta t}{\varepsilon\Delta x}\Big[H_y^{n+1/2}\left(i+\frac{1}{2}, j, k+\frac{1}{2}\right)$$

$$- H_y^{n+1/2}\left(i-\frac{1}{2}, j, k+\frac{1}{2}\right)\Big] - \frac{\Delta t}{\varepsilon\Delta y}\Big[H_x^{n+1/2}\left(i, j+\frac{1}{2}, k+\frac{1}{2}\right)$$

$$-H_x^{n+1/2}\left(i, j-\frac{1}{2}, k+\frac{1}{2}\right)\Big] \tag{1.18}$$

$$H_x^{n+1/2}\left(i, j+\frac{1}{2}, k+\frac{1}{2}\right)$$

$$= H_x^{n-1/2}\left(i, j+\frac{1}{2}, k+\frac{1}{2}\right) + \frac{\Delta t}{\mu\Delta z}\Big[E_y^n\left(i, j+\frac{1}{2}, k+1\right)$$

$$- E_y^n\left(i, j+\frac{1}{2}, k\right)\Big] - \frac{\Delta t}{\mu\Delta y}\Big[E_z^n\left(i, j+1, k+\frac{1}{2}\right)$$

$$- E_z^n\left(i, j, k+\frac{1}{2}\right)\Big] \tag{1.19}$$

$$H_y^{n+1/2}\left(i+\frac{1}{2}, j, k+\frac{1}{2}\right)$$

$$= H_y^{n-1/2}\left(i+\frac{1}{2}, j, k+\frac{1}{2}\right) + \frac{\Delta t}{\mu\Delta x}\Big[E_y^n\left(i+1, j, k+\frac{1}{2}\right)$$

$$- E_z^n\left(i, j, k+\frac{1}{2}\right)\Big] - \frac{\Delta t}{\mu\Delta z}\Big[E_x^n\left(i+\frac{1}{2}, j, k+1\right)$$

$$- E_x^n\left(i+\frac{1}{2}, j, k\right)\Big] \tag{1.20}$$

$$H_z^{n+1/2}\left(i+\frac{1}{2}, j+\frac{1}{2}, k\right)$$

$$= H_z^{n-1/2}\left(i+\frac{1}{2}, j+\frac{1}{2}, k\right) + \frac{\Delta t}{\mu\Delta y}\Big[E_x^n\left(i+\frac{1}{2}, j+1, k\right)$$

$$- E_x^n\left(i+\frac{1}{2}, j, k\right)\Big] - \frac{\Delta t}{\mu\Delta x}\Big[E_x^n\left(i+1, j+\frac{1}{2}, k\right)$$

$$- E_y^n\left(i, j+\frac{1}{2}, k\right)\Big] \tag{1.21}$$

根据以上 FDTD 差分方程组,在已知初始条件和边界条件的前提下,逐步求得每个时间步上的电磁场量. 通过给定信号脉冲的激励得到时域响应,直接给出瞬态电磁场的时域信息和变化图像,这样既便于定性理解其工作的物理过程,又便于得到定量分析的有关电参量.通过对时域响应进行时域-频域的转换可得到极宽的频带范围信息.通过对计算所得的电场和磁场分量,经过处理得到诸如散射参数、辐射和散射等特性.目前有多种商业应用软件采用这一计算方法,例如 Empire 软件.

1.6.3　有限积分法(FIT)

该方法早在 1977 年由托马斯. 魏兰特教授(Prof. Thomas Weiland)[122]引入,进而成为其后在电磁仿真领域中一个重要算法的基石. 由 FIT 所导出的矩阵方程保持了解析麦克斯韦方程各种固有的特性,如：电荷守恒性和能量守恒性.解析下的梯度、散度和旋度算子在 FIT 下具有一一对应的矩阵. 这些矩阵满足解析形式下的算子恒等式. 故 FIT 保证了非常好的数值收敛性.另一个区别于其他算法的关键之处在于 FIT 可被用于所有频段的电磁仿真问题中. 软件 CST 主要是采用这种数值计算方法.

CST 空间离散化也是建立在 Yee 网格基础之上,典型划分方法如下[123]：

通过这种离散方法,导出相对应的麦克斯韦网格方程：

$$\oint_{\partial A} \boldsymbol{E} \cdot \mathrm{d}\boldsymbol{S} = -\frac{\partial}{\partial t}\iint_A \boldsymbol{B} \cdot \mathrm{d}\boldsymbol{S} \quad \Leftrightarrow \quad Ce = -\dot{b} \tag{1.22}$$

$$\oint_{\partial A} \boldsymbol{H} \cdot \mathrm{d}\boldsymbol{S} = \iint_A \left(\frac{\partial \boldsymbol{D}}{\partial t} + \boldsymbol{J}\right) \cdot \mathrm{d}\boldsymbol{S} \quad \Leftrightarrow \quad \widetilde{C}h = \dot{d} + j \tag{1.23}$$

$$\oiint_{\partial V} \boldsymbol{B} \cdot \mathrm{d}\boldsymbol{A} = 0 \quad \Leftrightarrow \quad \widetilde{S}d = q \tag{1.24}$$

$$\oiint_{\partial A} \boldsymbol{D} \cdot \mathrm{d}\boldsymbol{A} = Q \quad \Leftrightarrow \quad Sb = 0 \tag{1.25}$$

经过这些步骤,将积分方程转化为线形方程组来求解,得出问题空间的电磁场量. 由于目前尚无一种算法可以很好地求解所有电磁问题,因此,CST 软件包含了四种求解器：瞬态求解器,频域求解器,本征模求解器,模式分析求解器,都有各自最适合地应用范围.瞬态求解器由于其时域算法,只需要进行一次计算就可以得到在整个频带内的响应,该求解器适合于大部分高频应用领域,对宽带问题优点尤为突出.对于高谐振结构,例如滤波器,需要求得本征模式,可以使用本征模求解器,结合模式分析求解器可以得到散射参量.对结构尺寸远小于最短波长的低频问题,其频域求解器最为有效.

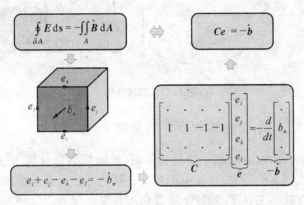

图 1. 22　麦克斯韦积分方程离散化

1.6.4　方法的比较

对于众多求解电磁问题的算法和应用软件,需要针对求解目标的实际情况来选择合适的方法,这一步骤往往起到事半功倍的作用.显然,计算机硬件能力是要考虑的因素,求解问题的大小、复杂程度等对软硬件的要求不同.图 1.23 给出了多种算法占用 CPU 计算时间的比较[123],当问题简单较小时,需要划分网格数少时,多种算法占用时间相当,但随着计算问题网格数的增加,矩量法(MOM)占用时间与网格数呈三次方的关系增加,有限元法(FM)是平方关系,而时域有限差分方法(FDTD)和时域有限积分方法(FITD)则与 CPU 时间几乎呈线形关系.

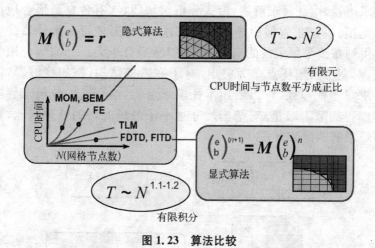

图 1. 23 算法比较

1.6.5 电磁场数值计算的常用软件

作为目前电磁问题主要分析手段,电磁场数值计算方法为国内外广大工作者所研究,并且由于对这些数值方法研究的成熟,大量商业化计算软件工具不断涌现. 随着应用开发的深入,其功能越来越强大,使用也越来越方便,这为具体电磁问题的设计分析提供了极大的方便. 由于电磁场仿真软件与其核心的数值计算方法密切相关,不同的软件其适用的问题也不同,下面主要简单介绍几种应用最为广泛的商业软件,为合理选取软件分析实际问题提供依据.

这些软件主要包括基于矩量法的 ADS、IE3D、Microwave office 和 Ensember 等,基于有限元方法的 HFSS,基于时域有限积分法的 CST 和时域有限差分法的 Empire,另外还有将矩量法、物理光学(PO)和一致性几何扰射理论(UTD)相结合的 FEKO 软件等.

Agilent ADS 是美国安捷伦公司的产品,是一种可以完成电路和场结构仿真的软件系统,主要应用于各种射频方面的设计,涵盖了小到元器件芯片大到系统级的设计与分析. 尤其可在时域或频域内实现对数字或模拟、线性或非线性电路的综合仿真分析和优化.

IE3D 是 Zeland 公司基于矩量法开发的产品,可以解决多层介质环境下三维金属结构的电流分布问题,求解各种电磁波效应、不连续性、耦合和辐射等问题,主要应用于微波与毫米波集成电路、RF 印制板电路、微带与线天线以及其他形式的天线、滤波器和高速数字电路封装等方面.

Microwave office 是 Applied wave research 公司产品,可以实现对无源和有源高频问题进行模拟和仿真. Ansys 公司的 FEKO 软件以矩量法为核心,结合 PO 和 UTD,可以满足对电尺寸大的电磁问题的分析. CST 和 Empire 都是基于时域方法来解决电磁问题,两者都可以分析大多数高频电磁问题,包括封闭场的诸如耦合器、滤波器、功分器等两维和三维电磁结构以及各种天线和电磁兼容等开放场问题,由于采用时域方法,对于解决宽带电磁问题具有非常大的优势.另外在 CST 微波工作室和电磁工作室中,还引入了 CST 的专有技术-理想边界拟合(Perfect Boundary Approximation,PBA).它使得长方形网格中材料的填充形式可以任意(单连通或复连通). 由于此技术,CST 软件不但保持了通常 FDTD 的快速,而且还使其精度大为提高. 即,带 PBA 的 FIT 既快又准.

HFSS 是美国 Ansoft 公司开发的三维电磁仿真软件,可以分析任意结构的三维无源电磁场,得到研究对象的特性阻抗、传播常数、散射参数、辐射场和方向图等结果.

由于商业软件竞争激烈,各公司对各自的软件追求更快、更精确、更方便,在结构建模、自适应网格划分、友好的界面、结果的后期处理和数据导出等方面都逐渐完善,并且允许软件计算结果的调用,例如在 CST 中设计计算得到天线结果,可以作为一个已知参数的器件,由 ADS 电路仿真软件调用,与其他无源和有元器件集成,实现系统级分析等.

各种功能强大的电磁场分析软件的涌现,给广大电磁场工程研究人员带来极大的便利,可以很快地验证实现自己的设计构想. 但需要指出的是,有效使用这些软件必须建立在对电磁场理论的深刻理解和丰富的工程设计经验基础之上,只有对电磁理论和使用工具深刻的了解,才能进入工程设计的自由空间.

本论文所研究的问题,对于宽带情况(宽带印刷单极天线)将采用基于时域的计算方法来分析,对于微带贴片天线和波导缝隙天线则将采用基于有限元的计算方法.

1.7 本论文研究内容与主要贡献

本论文主要研究内容:

第一章 综述了宽带单极天线、宽带双极化微带天线、宽带圆极化微带天线和宽带双极化波导天线阵的进展和本文计算方法及相关软件,并介绍本文研究的主要内容.

第二章 介绍电磁工程中的对称现象,阐述了对称美对工程设计中的指导意义.

第三章 研究宽带单极天线,根据当前对天线小型化、轻型化、易于与其他电路集成的要求,提出一种共面波导馈电的印刷单极天线,研究了辐射单元几何参数对天线性能的影响,实现了该种天线的超宽带性能.

第四章 以高分辨率多极化合成孔径雷达应用作为导向,研究了多种双极化微带贴片天线单元,讨论了馈电方式天线的性能的影响.基于对称原理设计改进了双极化微带天线性能,使天线单元的隔离和辐射交叉极化得到明显提高.

第五章 作为第四章中双缝耦合微带天线单元的延续,在宽带双缝耦合贴片天线的基础上,研究设计了一种采用半集总参数混合电桥馈电的宽带圆极化微带天线,基于这一设计,实现了宽带圆极化和宽带变圆极化功能.

第六章 在第四章双极化微带天线单元研究基础上,设计了应用于合成孔径雷达的宽带双极化微带天线阵,并分别研究了馈电网络对二、四、八和十六元天线阵的交叉极化和端口隔离的影响. 加工测试了 X 波段双极化天线,验证了设计构想.

第七章　作为第四章双极化微带天线阵应用的扩展和补充,本章研究了两种缝隙形式的宽带波导天线阵,在此基础上,实现了宽带、低交叉极化和高隔离度的双极化波导缝隙天线阵,并实验验证了该设计.

给出本论文的相关结论.

本论文的主要贡献:

(1) 将对称理论引入电磁问题的分析,指导工程设计. 在双极化天线设计中,基于这一原则,有效地降低了天线的交叉极化分量和提高了端口隔离度;

(2) 提出了两种采用共面波导馈电的印刷单极天线,并对其参数进行研究,试验验证了这种形式的天线具有非常宽的工作带宽;

(3) 提出了具有更高对称度的双缝耦合馈电的双极化微带贴片天线,深入研究了双极化微带线阵的交叉极化抑制和端口隔离提高的措施. 设计了具有工程应用价值的 X 波段双极化微带天线阵;

(4) 提出采用半集总参数微带混合电桥激励微带贴片天线,实现了宽带圆极化和变圆极化天线;

(5) 先后提出了半高波导金属膜片激励的对称单脊波导天线阵、加脊凸形波导馈电的对称单脊波导天线阵和背靠背对称脊波导馈电的对称单脊波导天线阵等多种宽带波导天线阵形式,有效地展宽了波导缝隙线阵的工作带宽,并压缩了天线的横截面,有利于双极化波导缝隙天线阵的空间布阵;

(6) 提出了切角金属膜片激励的波导窄边非倾斜缝隙天线阵,极大地提高了天线的极化纯度,降低了加工难度.并根据馈电和辐射波导之间结构特点,提出多种压缩波导窄边缝隙天线阵的方法,着重研究了其中互补不对称单脊波导馈电的非倾斜缝隙天线阵.

由以上 5 和 6 中两种形式的宽带波导缝隙天线阵构成双极化波导缝隙平面天线阵,具有宽带、高效率、低交叉极化和高隔离度特性.该天线阵可以广泛应用于目前高分辨多极化合成孔径或其他需要宽带低交叉极化雷达系统中,具有非常大的实用价值.

第二章 电磁工程中的对称问题[124]

2.1 引言

本章主要介绍电磁场理论和应用中的对称问题,从 Maxwell 方程组到工程设计中的基本器件和天线等,说明了电磁对称现象的广泛存在. 我们通过物理学中关乎自然本质的对称性得到某种启发,通过比较工程应用中具体事物对称性应用,达到和提高具体设计的性能,得到某种具有启发性的设计思想. 正当当代物理学向进一步简化进发的时候,工程设计人员也可以依据这些简单但抓住事物本质的思想,勾画出复杂、功能多样的应用实体.

2.2 电磁工程中的对称美

对称是最基本的几何美,从自然到人工物体充满了这种美学的体现. 例如无重力状态的水滴,表现出完美的球形,世界各地的古典建筑,人们不约而同地选择了对称结构,达到其庄重稳定的视觉效果.

2.2.1 对称原理

基础物理学界的探索者们认为审美是当代物理学的一个驱动力,认为他们的工作是在探求美[125]. 爱因斯坦深信: 美是探求理论物理学中重要结果的一个指导原则. 对于自然科学者来说,复杂细致的外在并不是他们研究的对象,他们追求的是事物内在、简单、朴素的美. 物理学家在审视自然时所用的美学体系是从对称这种朴素的几何确定性中吸取精髓. 对称是自然在我们面前显示的一种极为基本的几何美. 对于一个几何形体,在某些操作下保持不变,即这个图形在这些操作下具有不变性,我们认为它是对称的. 虽然表现在人类面前的自然多姿多彩,纷繁复杂. 但自然的复杂源自简单,正如中国古代哲学家提出的: 无极生太极, 太极生两仪, 两仪生四象, 四象生八卦, 八八六十四, 而后得天地万物. 可以认为太极图关于旋转 $180°$ 操作而对称, 其阴阳双鱼, 又与物理学所谓反对称的含义相一致. 规范原理的对称性原理确定了光电相互作用, 这一原理也遍及整个自然界. 皮埃尔·居里在 1894 年首先提出对称原理[126]: 原因中的对称性必反映在结果中, 即结果中对称性至少有原因中的对称性那样多. 反之, 结果中的不对称性必在原因中有反映, 即原因中的不对称性至少有结果中不对称性那样多. 法拉第相信对称美, 在前人电的磁效应研究基础上发现了磁的电效应; Maxwell 运用美妙的数学语言高度概括了前人关于电、磁现象独立的表达式, 并预见在时空中对称运动的电磁波; 狄拉克为了完善 Maxwell 方程组的对称美, 大胆假设了电荷的对称单元——磁单子; 根据狄拉克对称性预言为在宇宙射线中发现的正电子所证实, 坚定了人们对宇宙物质——反物质对称存在的观点.

2.2.2　电磁理论中的对称性

空间电子的电力线不管是经过其圆心的旋转操作, 还是任意过圆心面的反射操作, 其结果是不变的. 对于两个同性电荷, 关于两者圆心的轴旋转不变或关于两圆心连线垂直面镜像对称. 而对于异性电荷, 两者之间的中垂面则不能起到镜子的作用, 它们是反对称的. 这些构成电磁现象中最基本的对称.

高度概括电磁现象的 Maxwell 方程组是不对称的, 这是由于磁荷的缺席. 虽然如此, 它本身也表现了自然界电磁现象的和谐美. 这种科学美与艺术美一样是魅力无穷的, 它是成功的科学杰作所必有的[127].

　　电荷与电流是产生电磁场的唯一源,但是处理某些电磁问题时,引入磁荷与磁流的假想概念是非常有益的.引入磁荷与磁流以后,认为磁荷是磁场散度源,磁流是电场旋度源,那么由电荷及电流、磁荷与磁流共同产生时谐场.作为对称性原则的一种运用,在数学形式上,因磁流和磁荷的引入,从而得到对称的广义 Maxwell 方程组,其复数形式为[128]:

$$\nabla \times \boldsymbol{H} = \mathrm{j}\omega \boldsymbol{D} + \boldsymbol{J} \tag{2.1}$$

$$\nabla \times \boldsymbol{E} = -\mathrm{j}\omega \boldsymbol{B} - \boldsymbol{M} \tag{2.2}$$

$$\nabla \cdot \boldsymbol{B} = \rho_{\mathrm{m}} \tag{2.3}$$

$$\nabla \cdot \boldsymbol{D} = \rho \tag{2.4}$$

对应的广义边界条件为:

$$\boldsymbol{n} \times (\boldsymbol{H}_1 - \boldsymbol{H}_2) = \boldsymbol{J}_{\mathrm{s}} \tag{2.5}$$

$$\boldsymbol{n} \times (\boldsymbol{E}_1 - \boldsymbol{E}_2) = -\boldsymbol{M}_{\mathrm{s}} \tag{2.6}$$

$$\boldsymbol{n} \cdot (\boldsymbol{B}_1 - \boldsymbol{B}_2) = \rho_{\mathrm{ms}} \tag{2.7}$$

$$\boldsymbol{n} \cdot (\boldsymbol{B}_1 - \boldsymbol{B}_2) = \rho_{\mathrm{s}} \tag{2.8}$$

　　从广义的 Maxwell 方程组和边界条件,可以看出电磁场量的对称性: $\boldsymbol{E} \Leftrightarrow \boldsymbol{H}$, $\boldsymbol{D} \Leftrightarrow -\boldsymbol{B}$, $\boldsymbol{J} \Leftrightarrow -\boldsymbol{M}$, $\rho \Leftrightarrow -\rho_{\mathrm{m}}$, $\varepsilon \Leftrightarrow -\mu$, 和电壁 $\Leftrightarrow$ 磁壁.这种对称性称为对偶原理,也称二重性.通过对电磁场对称与反对称分析,可以得出结论:对于时变电磁场,磁场与电场具有相反的对称性[129],即如果磁场是对称的,则电场是反对称的,如果磁场是反对称的,则电场是对称的,反之亦然.

　　由于以上的对称性原理以及 Maxwell 方程组的线性性质,当我们求得电荷与电流产生的电磁场时,按对偶原理,只需将各个场量用其对偶量代替,就可以得到磁荷与磁流产生的电磁场,反之也有效.图 2.1 中电、磁基本振子附近的电磁场分布形象地说明了这一原理的运用,也是采用对称原理的典型范例.另外,我们在波导缝隙结构中经常使用磁流来代替缝隙上电磁场作用;计算电磁学中,经常使用电壁或磁壁来解决对称电磁场问题,以减小计算物理空间、节约计算机资源、加快计算速度等.

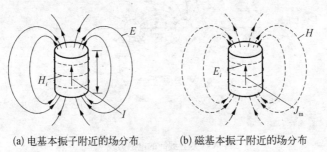

(a) 电基本振子附近的场分布　　　(b) 磁基本振子附近的场分布

图 2.1　电和磁基本振子对比

2.2.3　电磁工程中的对称性

由对称原理知,对称的电磁结构原因,可以得到相应对称的电磁场分布结果.由于对称的结构,我们通常应用的传输线中电磁场都是对称分布的,例如双导线之间的电力线和磁力线,矩形波导中的电磁场分布等,如图 2.2 所示.

工程设计中我们可以列举大量关于几何对称的应用,微波旋转关节中间旋转的部分通常为圆波导或圆同轴线,撇开电磁理论,从美学的角度来看,这部分不用矩形或方形的传输线结构,是因为矩形或方形不具有中轴线旋转对称性.而在一些微波器件设计中为了抑制高次模,提高器件电性能,常常采用对称设计.同样是旋转关节,饼式旋转关节的双点对称馈电,显然优于单点馈电的性能.而文献[130]中的大功率旋转关节,则更是采用四点对称馈电.文献[131]中明确提出在正交模耦合器的设计过程中,应该通过对不连续点做适当的对称设计,来抑制不希望的高阶模.

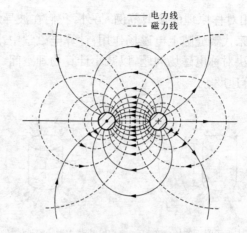

（a）双导线间的电磁力线

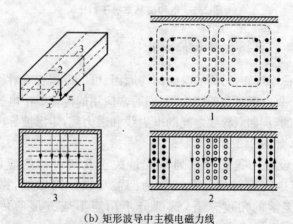

（b）矩形波导中主模电磁力线

图 2.2　传输线中的电磁对称

2.3　对称美在天线设计中的应用

2.3.1　波导缝隙天线阵设计

标准的矩形波导具有三维对称性,其内部电磁场分布具有相应的对称性质,在波导壁上开缝并不是任何形式都可以产生辐射,它必须有效地切割了波导壁上的电流才能在波导外空间产生辐射,如图2.3所示.最常用的波导辐射槽是宽边开纵向槽和窄边开倾斜槽两种形式.波导宽边纵缝为了得到有效激励,需要偏离宽边中线,并且交替位于中线两侧,这种结构相对于波导宽边中垂面不具有对称性,组成的天线阵 E 面辐射方向图在偏离侧射一定角度时出现寄生幅瓣,因此不能实现天线宽角扫描.为了克服这一缺陷,波导内部采用非对称单脊波导[132],使天线辐射缝隙位于波导宽边的中线,并使用交错不对称单脊波导来实现缝隙之间同相要求.从外部几何结构来观察,天线提高了几何对称性,如图2.4所示.

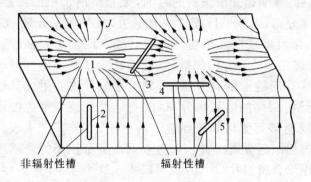

图 2.3　波导壁开缝方式

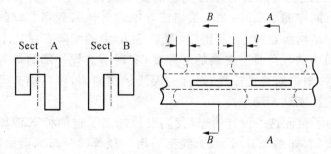

图 2.4　非对称单脊波导缝隙天线

对于波导窄边缝隙天线,为了在辐射空间得到有效激励,必须采用倾斜开槽方式,如图 2.3 所示.同样从几何美的角度,倾斜开缝破坏了波导的对称性,降低了外部对称美.从电磁场的角度,倾斜槽虽然切割了窄边电流,在波导外产生了辐射,但也引入了不需要的电场分量,降低了天线的交叉极化性能.传统的设计中,为了抑制交叉极化,通常采用在天线阵面前加平行栅网、平行隔板或扼流槽等方法.也可以采用波导线阵交替放置的方法来抑制交叉极化,这种方法虽然在阵面主极化方向有效地抑制了交叉极化,但当扫描角较大时,交叉极化瓣仍在实空间出现.为了克服这一缺点,天线阵仍需要附加其他方法.

考察波导窄边开槽倾斜的目的,无非是由于矩形波导中的电磁场对称分布,电流平行流过波导窄边,只存在 y 分量,如图 2.5 所示,非倾斜细缝隙无法切割电流达到空间辐射效果.基于这一原因,考虑在窄边开非倾斜缝,以期维持天线外部的几何对称性.而为了实现对缝隙的有效激励,只需在波导内部附加其他结构,破坏波导内对称的电磁场分布,改变电流在波导窄边的流向,使非倾斜缝能够有效切割波导边上的电流,在外部产生辐射.通过在波导内加倾斜金属棒[133]、放置双面贴有金属条的介质片[134]或切角的矩形金属膜片[118]等,就可以实现这个功能.这种辐射单元组成的天线阵,由于在单元上就排除了另一电场分量(y 分量)的出现,因此天线阵具有非常优越的交叉极化性能,并且在非主面也具有同样的结果.图 2.5 给出波导窄边开倾斜缝和非倾斜缝天线阵的结构示意图.两者比较,图 2.5(b)中的线阵在结构上比图 2.5(a)中的线阵具有更高的对称度,实现了波导外部结构对称美的完善.根据对称性原理,对称的天线结构原因,可以提高天线交叉极化性能这一结果.

为了验证这一设计构想,我们设计加工了这两种 X 波段天线进行比较,如图 2.6 所示,天线都采用口径等幅分布的谐振阵,其中非倾斜缝采用切角的矩形模片激励.图 2.7 给出了波导窄边斜

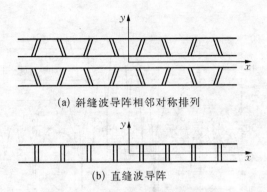

(a) 斜缝波导阵相邻对称排列

(b) 直缝波导阵

图 2.5 波导窄边缝隙天线阵

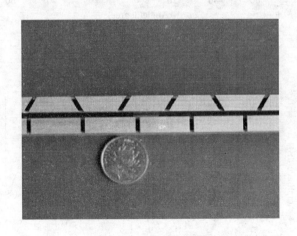

图 2.6 两种试验天线

缝线阵和以直缝实现的波导线阵的方向图和交叉极化测试值. 可
以看出单根斜缝波导阵在 ±34°附近的交叉极化只有 −14 dB, 其
他空间范围也只能达到 −21 dB 的水平. 而采用直缝实现的波导
线阵, 其交叉极化在整个范围内都优于 −40 dB, 性能得到了极大
的提高.

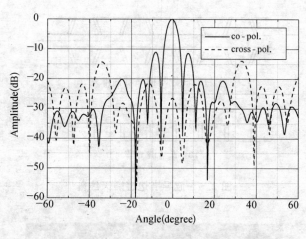

（a）斜缝天线

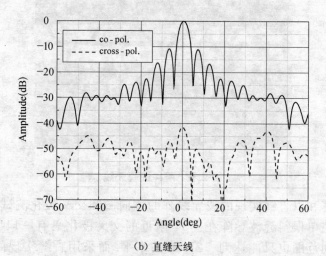

（b）直缝天线

图 2.7　波导缝隙天线阵方向图及交叉极化

2.3.2 双极化口径耦合微带天线单元设计

在天线设计中,根据对称的思想,我们研究了双极化缝隙耦合微带天线单元中,对称设计对提高端口隔离的作用. 图 2.8 给出三种缝隙耦合双极化微带天线的结构,图 2.8(a)是微带天线单元的分层结构,为了展宽带宽,采用双层辐射贴片形式,天线背部距离馈线四分之一波长处有一金属反射板,以降低天线的后向辐射. 图 2.8(b)中的两个耦合缝隙偏离两个轴线,呈"L"形,两个终

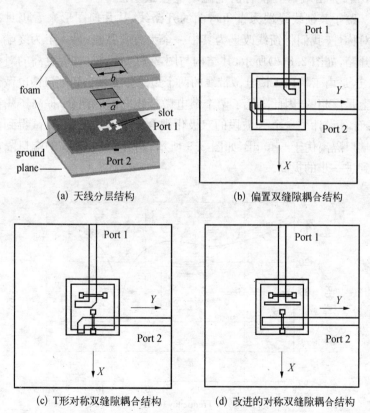

(a) 天线分层结构   (b) 偏置双缝隙耦合结构

(c) T形对称双缝隙耦合结构   (d) 改进的对称双缝隙耦合结构

图 2.8　几种双极化口径耦合贴片结构

端开路的微带线通过缝隙对辐射贴片耦合馈电. 从图中的结构来看, 天 线 不 具 有 对 称 性, 天线的两个端口隔离只能达到 $-18\,\mathrm{dB}$[59]. 高式昌等[42] 将两个缝隙重新安排为 T 形分布, 使耦合缝隙和辐射贴片具有一维对称性, 如图 2.8(c) 所示, 天线单元在工作带宽内的端口隔离达到了 $-36\,\mathrm{dB}$, 从微带电磁场的角度来说, 双极化馈电产生两正交简并模 TM_{01} 和 TM_{10} 模式, 产生空间正交的辐射场, 图 2.8(c) 中的端口 2 处于端口 1 激励的电场零点处, 因此, 由端口 2 耦合的电磁场能量最小.

  鉴于其馈线终端为直角弯曲的开路线, 从几何图形来看仍具有不对称性. 我们将馈线改进为其中一个为直开路线, 另一个为终端 T 形开路, 如图 2.8(d) 所示, 其结构与图 2.8(c) 比较, 具有更高的对称度. 这是由于端口 1 馈电微带线的两个短路分支耦合到端口馈电微带线上是反相的, 因此降低了两个馈电微带线之间的耦合, 提高了隔离度. 计算设计了一个 X 波段的双极化耦合微带天线单元, 测试得到两个端口隔离优于 $-40\,\mathrm{dB}$, 如图 2.9 所示. 两者相比, 天线的端口隔离得到进一步的提高.

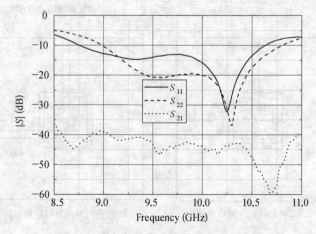

图 2.9 双极化缝隙耦合天线 S 参数测试结果

　　图 2.10 还给出另一种形式的对称馈电结构,端口 1 采用位于端口 2 馈线轴线两边对称的缝隙进行馈电,两个馈点的 180°相位差通过微带传输线实现,这种结构同样也能得到由于－40 dB 的端口隔离度,如图 2.11 所示,并且在中心频率形成一个最低点,这是由于微带传输线在其他频率上构成 180°相位差将发生偏移所造成.

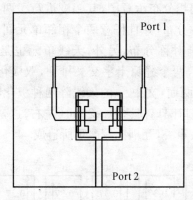

图 2.10　对称混合馈电微带贴片天线

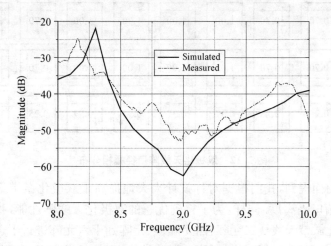

图 2.11　天线的端口隔离度

2.3.3 双极化微带天线阵设计

在天线阵中也存在大量对称性问题,例如不管是一维线阵,还是两维的矩形和圆形平面阵,其对称的口径幅相分布,必然得到对称的方向图. 了解这一点,可以根据对称原理来指导我们实际工程设计,合理利用对称与反对称结构,提高天线的性能. 图 2.12 是一例双极化微带天线阵空间幅相分布示意图,其幅度进行了两维对称加权,相位在两维上呈反对称分布,并且任意两个相邻单元间也是对称的,整个阵面呈完美的两维对称分布. 另外,天线单元也是采用两维对称结构,双缝耦合激励,两个缝隙十字交叉排列,双极化馈线也是正交排列,位于介质板的两面,文中[65]的天线阵两种极化状况下,其交叉极化达到 -31 dB. 端口隔离仅达到 -22 dB 左右,这是由于耦合缝隙和馈电微带线都交叉重叠,互耦比较严重所造成.

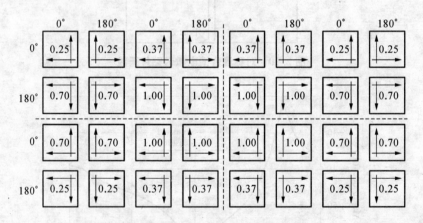

图 2.12　双极化天线阵口径幅相分布[65]

前面提到,我们根据对称设计大大地提高了双极化微带天线单元的端口隔离度. 同样,为了得到优越的双极化天线阵性能,我们对双极化微带天线从二元阵、四元阵、八元阵到十六元阵进行了逐步研究,充分利用了对称与反对称(反相)结构,有效地提高了双极化天线阵的端口隔离度,并抑制了交叉极化分量,这将在第六章给出详细的仿真与实验结果,此处给出典型图例以说明问题.

图 2.13 给出四种双极化四元微带天线阵的布阵馈电方式,其中(a)、(b)结构,成对单元水平极化采用等幅反相馈电,垂直极化采用等幅同相馈电,而(c)结构相当于(a)、(b)结构部分相结合;(d)结构成对单元垂直极化采用等幅反相馈电,水平极化采用等幅同相馈电,而且两组成对单元形成关于垂直面的镜像,进行反相馈电.(d)结构不仅考虑了横向分布的对称,还在纵向考虑了馈电分布问题.通过对四种分布的天线阵方向图的比较,发现第四种性能最好.图 2.14 给出了(b)和(d)结构的天线阵垂直极化端口激励时天线水平面方向图,前者交叉极化计算值仅略优于 $-20\,\mathrm{dB}$,而后者则在 $-30\,\mathrm{dB}$ 左右,实测值优于 $-28\,\mathrm{dB}$.由于此处研究的天线单元在水平和垂直面上不具有对称性,这将影响到整个天线阵的性能.

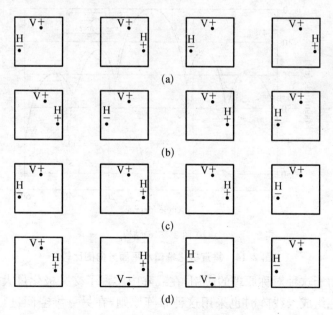

图 2.13　双极化四元阵馈电分布形式

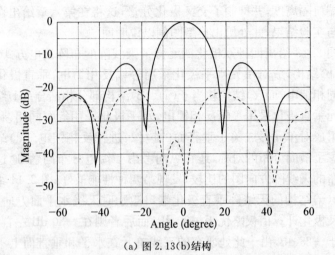

（a）图 2.13(b)结构

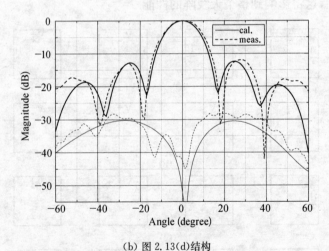

（b）图 2.13(d)结构

图 2.14　垂直极化端口水平面方向图比较

　　由于这种对称原理的应用，在线阵中实现了交叉极化最大抑制，同时在组成天线阵时也采用这种布阵原则，在另一维空间进行交叉极化的抑制，相邻线阵间结构上可以镜像对称，并反相馈电，这与图

2.5(a)中波导窄边缝隙天线阵抑制交叉极化方法是相同的,即,实现不需要的电场分量在辐射空间反相抵消. 采用这种方式布阵的双极化微带天线阵(见第六章内容),隔离度达到了-32 dB,交叉极化在主方向图内优于-28 dB. 而采用图 2.8(d)对称度高的天线单元构成的八双极化天线阵,其隔离度则达到了-35 dB,交叉极化主瓣内低于-37 dB,其性能优于图 2.8 中非对称天线单元构成的天线阵.

2.4 小结

本章从自然现象的美学角度研究了电磁工程中的设计问题,综合了从电磁场理论的对称性,到工程应用中的几何对称结构,并通过几个实际天线设计的事例,说明对称美对电磁工程设计的指导意义.

第三章 宽带印刷单极天线

3.1 引言

随着军民应用需求的发展,大量无线电设备提高了对天线的带宽要求,例如采用了跳频和扩频技术的短波、超短波通信系统,电子战中的告警、电子情报、电子信息支援、电子干扰和电子侦察高分辨率成像雷达等,现代无线多媒体信息的高质量要求等,都需要大带宽的天线. 展宽振子类天线的方法有多种,其中主要包括[4]:(1)采用机电结合的方法,精心设计天线结构,这种方法存在机械伸缩,因而使用不便;(2)利用插入阻抗元件或网络来展宽天线的工作带宽,此方法是将电抗/阻抗元件[135~138]、介质材料或有源器件置于天线的某一部分之中,进而缩小天线尺寸[139,140],或提高效率[141],或增大带宽[142,143];(3)旋转对称结构的宽带振子天线,此类天线主要是基于增大振子的截面,降低振子的长度直径比,改善天线的阻抗特性,例如粗振子天线、双锥天线和盘锥天线等[144~147];(4)宽带行波天线,例如长导线行波天线、菱形天线、直线渐变式和指数渐变式微带槽线天线[148~150];(5)频率无关天线系列,例如对数周期天线和螺旋天线等;(6)利用一副天线的多模工作方式来展宽工作频带[150];(7)曲线形振子天线[151].

随着固态有源器件技术的发展,以及系统对天线的体积重量要求的提高,促使天线向小型化和轻型化发展. 一方面,鉴于印刷天线在此方面明显的优势,它们已在雷达和通信等系统中得到广泛应用.另一方面,平面传输线的应用也越来越广泛,这是由于相对于金属波导管、同轴线和带状线等传输线而言,具有不可比拟的优点:尺寸小、重量轻、加工成本低可批量生产、可靠性高和兼容性好,并且,平面传输线非常易于和固态有源器件集成,同时适合多层平面电路集成,这对系统的小型化非常有利. 印刷天线的馈电线主要是微带传输线、共面波导线等平面传输线. 共面波导(CPW)是平面传输线的一种,是由介质基片同一面上的三个金属带构成,中间金属带是信号带,两边金属同时接地. 近几年共面波导传输线受到越来越多的重视,这是由于相对常规微带线来说,它具有辐射损耗小、低色散、易于与其他元器件实现串并连接、提高电路集成度的优点[152]. 随着通信的发展,需要一种成本低、易于加工且便于和有源电路连接的天线. 显然共面波导馈电的印刷天线符合这一要求,已有许多这方面的工作成果见于报道. M. I. Aksun[153]对终端开路共面波导馈电的微带天线进行了实验研究,S. M. Deng[154]则用 MOM 法在理论上对其分析. 利用 CPW 馈电的缝隙天线种类较多,如: 中心馈电[155]、偏心馈电[156]、容性[157]感性馈电[158]、多折叠槽天线[159]以及正方形渐变槽天线[160]等.

单极天线因结构简单、在方位面全向辐射而得到大量应用,最近人们采用平面辐射单极结构代替传统的导线单元,工作带宽得到显著展宽[8,9,161,162]. 采用共面波导馈电的单极天线,以中心导带作为辐射单极子,导带两边的金属导体作为反射板,结构非常简单,易于与有源器件集成[163],将共面波导馈电与平面辐射辐射部分相结合,可以得到结构简单且带宽很宽的单极天线. 典型的 Tab 单极天线阻抗带宽可以达到 50%(VSWR≤2.0)[19],考虑到扩大振子截面可以增加天线的阻抗带宽,结合共面波导馈电,可以实现共面波导馈电的平面印刷宽带单极子天线[21,22],阻抗带宽达到 110%以上. 同样,将通过共面波导馈线和平面偶极辐射单元相结合,从而得到平面宽带偶极天线单元[164],或者与其具有互补关系的共面波导馈电的缝隙天线[165],两者都可以得到大带宽.

本章主要介绍我们设计的两种采用共面波导馈电的宽带印刷单极天线[21,22],馈电的共面波导和辐射元都位于介质板的同一侧. 先介绍天线结构,研究各结构参数对天线带宽的影响,实现了宽的阻抗带宽,并在此基础上通过渐变阻抗变化段的引入,实现了天线的超宽带特性.

3.2 共面波导馈电矩形单极天线

本节介绍的共面波导馈电单极印刷天线,其结构类似于盘锥天线的横截面,相近于将盘锥天线平面化,而其同轴线改由共面波导代替,盘锥由金属导体片代替,其辐射圆盘部分则变成了矩形贴片. 图 3.1 给出这种天线结构,辐射单元和 CPW 馈线都蚀刻在介质板的同侧. 辐射单元是一个长为 L_m、宽为 W_m 的金属贴片,与共面波导的中心导带相连. 金属地板是一个等腰梯形结构,其上边宽 D_{min}、下边宽 D_{max}、高为 H,斜边长为 L_s,接地板与辐射单元之间的间隙为 t. 设计中为了便于与同轴连接器匹配连接并测试,CPW 特性阻抗设计为 50 Ω. 本设计加工的天线采用 RT/6010 介质基片,相对介电常数为 10.2,厚度是 2 mm.

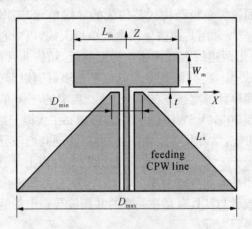

图 3.1 天线的结构

计算了不同的天线结构尺寸,以考察各尺寸对天线性能的影响,图 3.2 至图 3.5 给出了天线归一化阻抗和输入端口电压驻波比随各

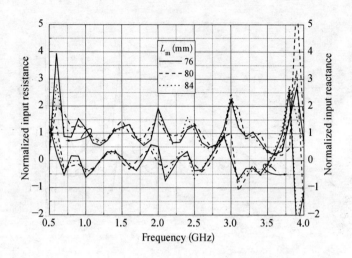

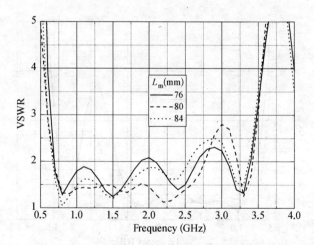

图 3.2 不同 L_m 天线归一化阻抗值及与电压驻波比

$D_{max} = 140$ mm, $D_{min} = 24$ mm, $H = 70$ mm, $W_m = 30$ mm, $t = 3$ mm

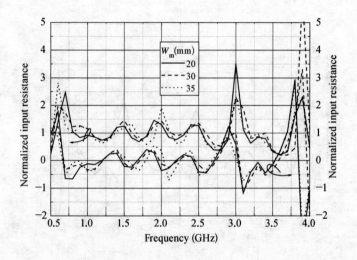

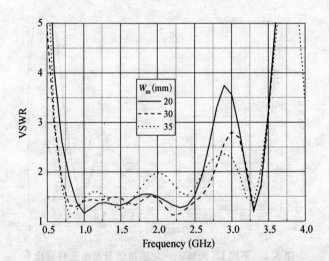

图 3.3   不同 W_m 天线归一化阻抗值与电压驻波比

$D_{max} = 140\,mm$, $D_{min} = 24\,mm$, $H = 70\,mm$, $L_m = 80\,mm$, $t = 3\,mm$

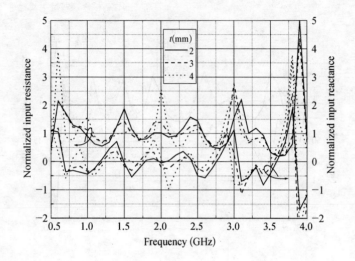

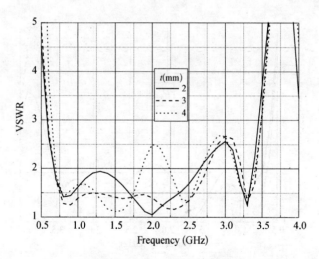

图 3.4 不同 t 天线归一化阻抗值与电压驻波比

$D_{max} = 140 \text{ mm}, D_{min} = 24 \text{ mm}, H = 70 \text{ mm}, L_m = 80 \text{ mm}, W_m = 30 \text{ mm}$

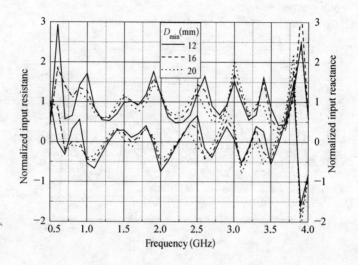

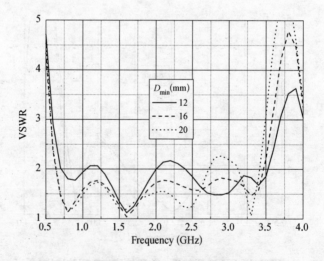

图 3.5   不同 D_{min} 天线归一化阻抗值与电压驻波比

$D_{max} = 140 \text{ mm}$, $H = 70 \text{ mm}$, $L_m = 80 \text{ mm}$, $W_m = 35 \text{ mm}$, $t = 3 \text{ mm}$

种参数变化的计算曲线. 从计算几何尺寸与端口匹配性能曲线中发现, 天线在 $0.5\sim4.0\,\mathrm{GHz}$ 频率范围内, 主要存在四个反射峰值, 其中 $3.5\sim4.0\,\mathrm{GHz}$ 内的一个最大, 当调节各种参数时难以将其降低, 而其他三个则可以通过调节 L_m、W_m、D_min 和 t 得到适当降低, 但在调节这些参数时这些峰值互有起伏, 需要折衷选择尺寸, 另外, 第三个峰值只有在调节 D_min 时才能实现低于 VSWR<2.0. 图 3.5 为天线归一化阻抗在 D_min 分别取 12、16、20 mm 情况下的计算值, 以及相应电压驻波比的仿真结果, 其他尺寸分别为: $D_\mathrm{max}=140\,\mathrm{mm}$, $H=70\,\mathrm{mm}$, $L_\mathrm{m}=80\,\mathrm{mm}$, $W_\mathrm{m}=35\,\mathrm{mm}$, $t=3\,\mathrm{mm}$. D_min 在 $12\sim20\,\mathrm{mm}$ 范围内变化时, 频段低端部分的电压驻波比变化不大, 可以基本保持在 2.0 以下, 但高端部分即第三个峰值变化明显, 当 D_min 取 16 mm 时可取得较满意的阻抗匹配, 此时天线从 0.63 到 3.4 GHz 频率范围内 VSWR$\leqslant2$. 天线的归一化电阻在 1 附近起伏, 而归一化电抗则在 0 ± 1 范围内起伏, 天线实现了在大频率范围的较好匹配. 另外, 研究发现天线的梯形接地板斜边长 L_s 决定了工作频率的下限, 这与盘锥天线的情况是相同的.

基于上面计算结果, 我们选择最佳匹配状态下结构尺寸加工了试验天线单元, 该天线介质板是 RT/6010, 其相对介电常数为 10.2, 厚度取 2 mm, 天线单元宽 140 mm, 高 110 mm, 其他参数分别为: $D_\mathrm{max}=140\,\mathrm{mm}$, $D_\mathrm{min}=16\,\mathrm{mm}$, $L_\mathrm{m}=80\,\mathrm{mm}$, $W_\mathrm{m}=35\,\mathrm{mm}$, $t=3\,\mathrm{mm}$. 天线输出口接一 $50\,\Omega$ 的 N 型同轴连接器. 为了使天线和连接器可靠装配, 我们另外加工了一个基座, 用螺钉将天线和同轴连接器固定在基座上, 这样做的另一好处就是增加了同轴连接器外导体与 CPW 接地板之间连接的可靠性. 图 3.6(a) 是实物照片, 图 3.6(b) 是该天线的电压驻波比计算与实验值, 两者较好吻合, 天线相对带宽达到了 145%, 覆盖了 $0.59\sim3.72\,\mathrm{GHz}$ 频率范围, 中心频率为 2.16 GHz, 其比带宽达 6.3:1.

（a）实物照片

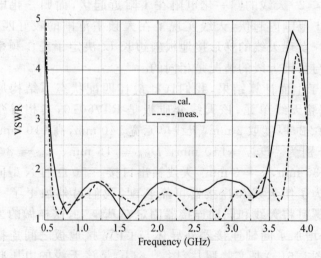

（b）天线电压驻波比计算与测试值

图 3.6　试验天线

$D_{max} = 140$ mm, $D_{min} = 16$ mm, $L_m = 80$ mm, $H = 70$ mm, $W_m = 35$ mm, $t = 3$ mm

天线单元的辐射方向图在室内远场实验室测得,图 3. 7(a)～(e)
给出了天线在水平面的辐射方向图计算与实验值. 由于天线近似具

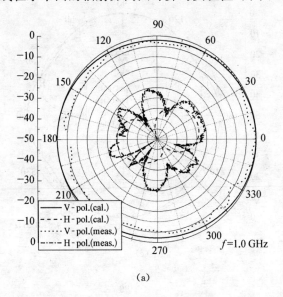

(a)

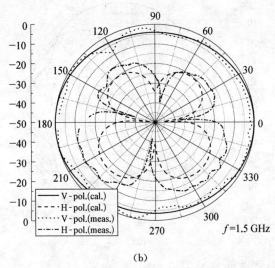

(b)

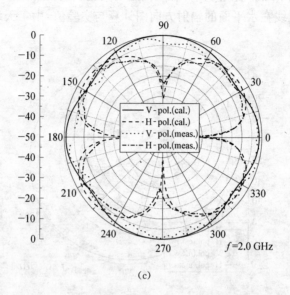

(c)

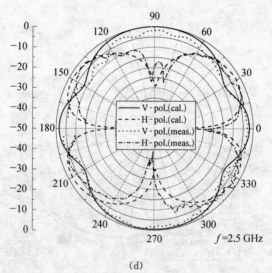

(d)

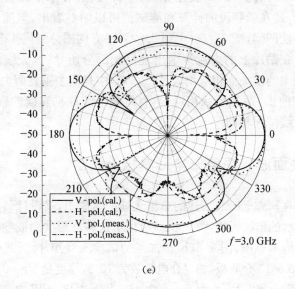

(e)

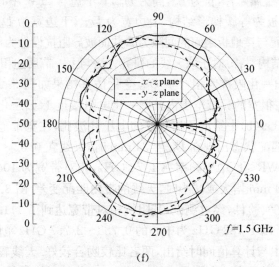

(f)

图 3.7 天线水平面方向图(a)~(e)和天线垂直面方向图(f)

有轴对称性,因此天线主极化分量(垂直极化)在水平面辐射方向图近似圆形,这在低频段的计算和测试值可以明显看出,但随着频率的增加而开始凹陷,图 3.7(e)中到 3.0 GHz 方向图分裂成 4 个瓣,这是由于分布在贴片上的电流逐渐出现反相部分所导致,天线的交叉极化随着频率的增加而相应增大.图 3.7(f)中是两个垂直面上 1.5 GHz 的辐射方向图,两者形状相近,具有单极子天线垂直面的辐射特性,与盘锥天线情况相同.

3.3　共面波导馈电三角形单极天线

我们在研究上一节所述的单极天线的基础上,又设计研究了另一种辐射形状的单极天线,图 3.8(a)给出了这种△形共面波导馈电单极天线的结构示意图,图 3.8(b)是加工的试验天线照片.天线仍然采用 RT/duroid 6010 介质板,相对介电常数为 10.2,厚度是 2 mm.辐射单元是一个△形金属贴片,长为 L_m,高为 H_m,其下边与 CPW 中心金属导带相连,接地板为等腰梯形结构,上边宽为 D_{min},下边宽为 D_{max},斜边长 L_s,辐射单元与接地板之间的间隙为 t,共面波导阻抗设计为 50 Ω,天线以 y,z 面结构对称.对于该天线的研究方法与上一节所述相同.

天线归一化阻抗值相对于 D_{min} 变化仿真结果如图 3.9(a),可以看出天线在很宽的频带范围内其归一化电阻接近 1,归一化电抗则在 0 附近.图 3.9(b)中给出了相对应的电压驻波比,在宽带范围内都小于 2,最佳匹配状态出现在 D_{min} = 24 mm 时,天线在 0.82~2.62 GHz 范围内 VSWR≤2,中心频率在 1.72 GHz,相对带宽为 104.65%,当 D_{min} 偏离 24 mm 增大或减小时,天线的带内匹配变差.图 3.8(b)是该天线的加工实验件,经过测试,其阻抗相对带宽达到了 111.8%,工作频率包括了以 1.788 GHz 为中心的 0.788~2.787 GHz 范围,结果在图 3.9(b)中与计算值同时给出,两者比较吻合较好.天线辐射方向图同样在室内远场实验室测量,其结果与上一节的天线结果基本一致,此处不再给出.

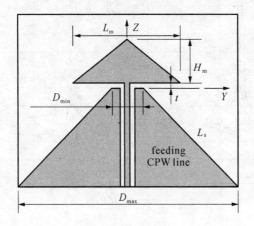

（a）结构示意图

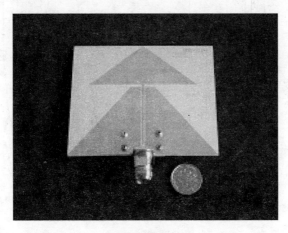

（b）实验天线照片

图 3.8 共面波导馈电三角形单极天线

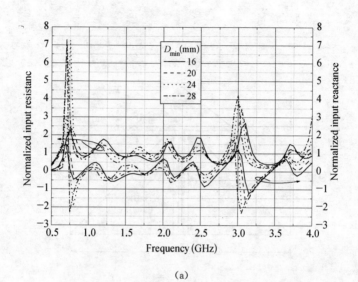

(a)

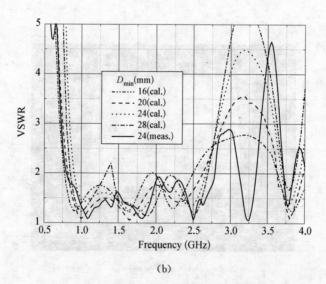

(b)

图 3.9　不同 D_{min} 值的天线归一化阻抗值与电压驻波比

3.4 阻抗带宽的进一步展宽

虽然我们经过对两种结构的平面印刷单极天线几何结构的研究,得到大的阻抗带宽,但上述几种几何尺寸的调节无法进一步改进天线的带宽,说明仅仅改善此类结构来实现 50 Ω 馈线与辐射天线的匹配是有限的. 考虑到盘锥天线的特性阻抗随着其锥体张角的变化而具有不同的值,受此启发,我们在上面研究的基础上,将天线的馈电共面波导设计成 100 Ω,结果发现,天线的阻抗匹配得到显著改善. 另外,为了便于与通用的 50 Ω 传输线在非常宽的频带内实现连接匹配,采用传统的多节四分之一阻抗变换段来进行阻抗匹配,不易在既有的尺寸下实现,因此我们采用了渐变传输线形式. 图 3.10 给出了这种改进的天线结构及已加工的试验天线照片,设计中保持共面波导内导带宽度的尺寸,仅仅将其间隙改为渐变尺寸,使共面波导与辐射贴片之间的连接部分为 100 Ω,而终端与同轴连接器的部分变为 50 Ω. 图 3.11 给出实验天线输入端口电压驻波比测试结果,可见天线在 0.76~8.05 GHz 范围内 VSWR≤2,其相对带宽为 165.5%,比带宽达到了 11.2 倍频程,实现了超宽带.

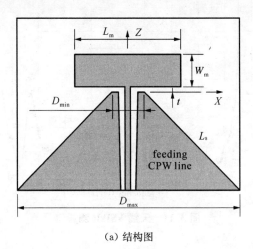

(a) 结构图

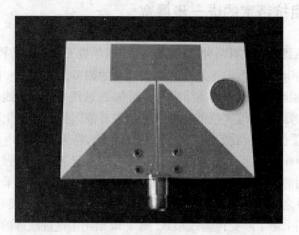

（b）实验天线照片

图 3.10 采用阻抗渐变共面波导馈电的单极天线

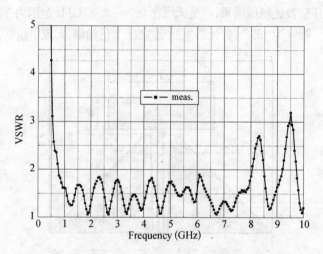

图 3.11 天线 VSWR 测量值

3.5 小结

   本章利用共面波导对平面印刷单极天线馈电,实现了单极天线的平面化,这种结构有利于与有源器件和其他电路的集成.研究设计了两种辐射元形状的单极天线,即矩形和三角形,其中央为共面波导,整个接地板外形为等腰梯形,两种天线分别达到了145％和112％的阻抗带宽,天线在低频段水平面主极化方向图近似为圆形,垂直面方向图也与通常的单极天线相近.另外,经过进一步研究,将天线馈电的共面波导设计成阻抗渐变形式,可以实现天线带宽的极大提高,实验天线的测试值达到了11.2倍频程,实现了超宽带性能.

   宽带印刷天线是天线研究的一个热点,结合共面波导馈电具有诸多优点,相信在此思路下可以开发出更多性能优良的平面印刷天线.另外,在展宽阻抗带宽的同时,对方向图带宽的提高将是进一步研究的目标.

第四章 宽带双极化微带天线单元

4.1 引言

  自从 1953 年 G. A. Deschamps 教授提出利用微带线的辐射制作天线概念以来,微带天线的理论和应用得到了蓬勃发展,这种天线与普通的微波天线相比具有明显的优势[2]:剖面薄、体积小、重量轻;具有平面结构,易于与载体共形;馈电网络可与天线结构一体制作,适合用印刷电路大批量生产;能与有源器件和电路集成;便于获得圆极化、双频段、双极化等工作方式. 其缺点也是明显的:频带窄;损耗大;功率容量小;性能受介质基板影响大. 但随着技术的发展,这些缺点也得到相应的克服或减小. 因此,微带天线已广泛应用于通信、雷达等系统中,由于其在体积、重量和剖面等方面的明显优势,在空中平台载体上应用更具有吸引力. 其中一个重要的应用就是在机载或星载合成孔径雷达中的平面天线. 本章就是基于这一应用方向,设计研究合适的宽带、双极化微带天线单元,供宽带双极化微带天线组阵之用. 因为,一个合适辐射单元的选择,其几何尺寸、工作带宽、辐射方向图特性、交叉极化、效率以及双极化天线中的端口隔离等,都对天线阵的性能产生最为直接的影响.

  展宽微带天线带宽的方法非常多,概括起来主要包括四种途径[2]:(1) 降低等效谐振电路的 Q 值,即增加介质板的厚度或降低等效介电常数 ε_r;(2) 修改等效电路,附加寄生贴片、采用电磁耦合馈电等;(3) 附加阻抗匹配网络;(4) 其他途径. 随着对微带天线研究的深入,人们改进或发展了一些新的方法. 例如采用高电常数 ε_r 但在介质板上开孔的方法[166,167],即降低 Q 值,又兼顾了高介电常数带来的天线小型化优点;在矩形微带贴片天线上开 U 形槽,由于缝隙引入附加谐振,同时也引入了容抗,抵消了探针的感抗,因此得到宽带效果[168],这种贴片天线可以获得 47% 的阻抗带宽;采用 L 形金属带对单层贴片天线馈电[25]可以得到 49% 的阻抗带宽(VSWR≤2),而通过改进,将 L 形金属带改为斜坡形状,则带宽可以展宽到 53%[26];采用共面波导或者微带通过缝隙耦合馈电的贴片天线可以得到 30% 左右的工作带宽[169]. 尽管对于微带贴片天线带宽展宽的方法非常多,但对于双极化天线,带宽的展宽要对两种极化状态同时进行,并且要保证对各自交叉极化分量影响要小,这就限制了展宽方式的选择. 同时当应用于大型天线阵的情况下,必须考虑天线加工的便易性.

考虑到双极化功能,为了满足两种线极化电性要求,天线单元结构必须具有两维对称性,显然方形和圆形等贴片都能满足这一要求.另外,从馈电形式来看,适用于 SAR 的双极化微带天线主要包括:双极化探针馈电多层微带贴片天线、共面微带线馈电的贴片天线和缝隙耦合双极化微带天线等形式. 比较而言,采用探针馈电不利于大型天线阵的加工,特别是在 X 波段更是如此;当线阵单元数较多,且要求宽带工作时,共面馈电形式的两套并馈网络安排将显得非常困难;缝隙耦合方式的微带天线将微带馈电网络置于开有耦合缝隙的接地板之后,可以对贴片天线单元和馈电网络单独进行优化设计,有利于天线阵的优化,同样,当线阵单元数较多时,实现宽带双极化的两套馈电网络居于同一层同样显得异常拥挤,网络之间耦合严重. 文献[65,66]中的两个极化端口都采用缝隙耦合方式,将两套网络置于同一介质板的两侧可以解决这一困难,两套网络共用同一接地板,但装配用粘胶的电性参数和厚度对馈线的阻抗等参数影响大,特别是当介质板很薄的情况下尤为显著,所以这种形式加工精度要求高.综上所述,对于宽带合成孔径雷达微带天线阵,两套并馈网络要求是决定选择天线馈电形式的重要因素.

本章对多种双极化微带天线单元进行了研究,并且基于对称原理,研究了双极化天线馈电点的几何位置对天线单元的隔离度和交叉极化性能的影响. 比较各种天线的结构和电性优缺点,为实现双极化微带天线阵打下基础.

4.2　双极化角馈微带天线单元

4.2.1　双极化角馈混合馈电贴片结构

双点角馈方形微带天线相对于双点边馈方形微带贴片天线而言，其端口隔离有 10 dB 的优势[170]，在构成双极化微带天线阵中具有同样的优点[171].考虑到线阵中需要将双极化馈电两套网络安排在狭小的空间，此处对天线单元采用混合馈电的方式，即一个端口采用共面微带线馈电，另一端口则采用缝隙耦合馈电方式，如此安排将两套网络由接地板隔开，排除了网络之间的相互干扰.

天线的结构如图 4.1 所示，天线主要分成 5 层，从下向上分别是金属接地板 1、泡沫 1、介质板 1、介质板 2、泡沫 2 和介质板 3.其中辐射贴片及垂直极化馈线位于介质板 2 的上表面，介质板 1 和介质板 2 之间是开有耦合缝隙的金属膜，而水平极化馈线则居于介质板 1 下表面，展宽带宽的寄生贴片倒置于介质板 3 的下表面，该介质板位于其上还可以兼做天线罩作用.为了减小天线的后向反射并且便于天线的安装，在介质板 1 下四分之一波长处安排一个金属反射板，兼做天线安装的基座，中间用低介电常数的泡沫 1 作为支撑.

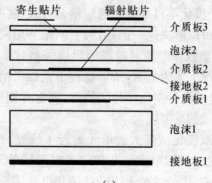

(a)

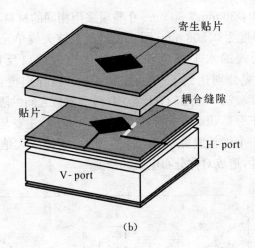

(b)

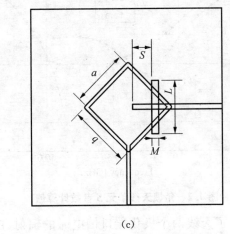

(c)

图 4.1 双极化混合馈电角馈贴片

4.2.2 仿真结果

选择上述天线单元形式,设计了应用于 X 波段的天线,天线尺寸分别为:$a = 9$ mm, $b = 9.7$ mm, $W = 1$ mm, $L = 8$ mm, $S = 2.95$ mm,另外泡沫 1 的厚度为 6.5 mm,泡沫 2 的厚度取 2.6 mm.

反射板尺寸为: 30 mm×30 mm. 介质板采用相同的材料,相对介电常数为 2.94,厚度为 0.508 mm. 图 4.2 给出了该天线单元的 S 参数仿真值. 可见天线的水平极化和垂直极化两个端口反射损耗小于 −10 dB 的带宽分别达到了 14.5% 和 15.9%,分别覆盖了 8.86~10.25 GHz 和 8.74~10.25 GHz 范围,两个端口之间的隔离在上述频率范围内优于 −15 dB. 这一隔离度性能并不优越,主要是由于水平极化端口通过一个细长缝隙耦合,而这一耦合缝隙较大地改变了天线的结构对称性,造成对称分布电磁场畸变.

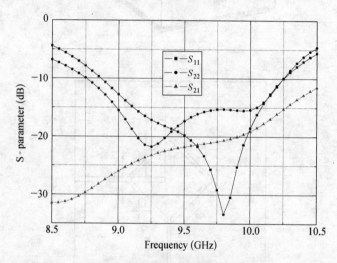

图 4.2 角馈天线单元 S 参数计算值

图 4.3 给出了天线两个极化端口馈电时的辐射方向图及其交叉极化,对于垂直极化端口,E 面交叉极化分量低于主辐射分量 20 dB,而 H 面稍差,交叉极化只有 −15 dB. 对于水平极化端口,E 面和 H 面的交叉极化分量均低于主辐射分量 19 dB. 天线单元计算增益值约 9.9 dB. 从两个端口馈电得到的辐射方向图与交叉极化电平之间的比较可以看出,耦合缝隙降低了天线的交叉极化性能.

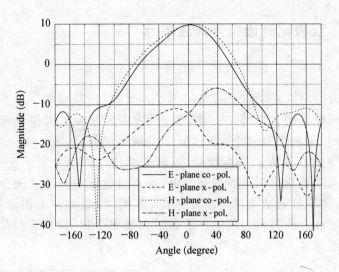

(a) V-Port

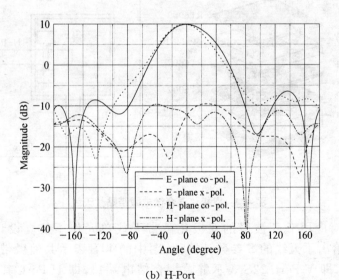

(b) H-Port

图 4.3 角馈天线辐射方向图及交叉极化 ($f = 9.5\ \mathrm{GHz}$)

4.3 双极化侧馈微带天线单元

4.3.1 双极化侧馈混合馈电贴片天线

由于角馈方形微带天线在构成天线阵时,其对角线尺寸相对于方形贴片边长增加了$\sqrt{2}$倍,因此,相应地减少了天线单元之间的空间,不利于宽带并馈天线阵馈电网络的安排,因此,方形贴片侧馈方式在这方面具有优势.下面介绍这一馈电方式的天线.天线的水平极化采用缝隙耦合馈电,垂直极化端口采用共面微带线馈电,天线分层结构与角馈天线单元相同,如图 4.1(a)所示,天线的分层和介质材料与角馈方形微带天线完全相同,其透视及顶视图见图 4.4.

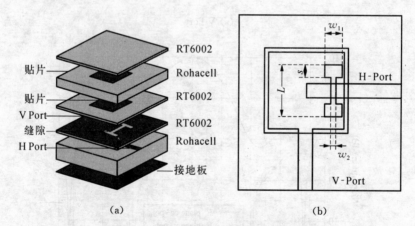

（a）   （b）

图 4.4 双极化混合馈电微带贴片天线

对应用于 X 波段的双极化微带天线单元作了仿真设计,图 4.5 给出了天线的 S 参数计算值,图中的 $11S$ 表示共面微带馈电端口,即 V-Port. $22S$ 表示缝隙耦合馈电端口,即 H-Port. 其中天线的基本尺寸为:寄生方形贴片 10 mm×10 mm,辐射贴片9 mm×9 mm, $W_1 = 2$ mm, $W_2 = 1$ mm, $L = 7.4$ mm, $S = 2$ mm,

辐射缝隙偏离中心3.4 mm,耦合馈电微带短路线长 3.3 mm,泡沫 2 的厚度为 2.7 mm. 可见天线单元两个端口反射损耗小于 −10 dB 的带宽分别达到15.2%和17.2%,频率范围包括了 8.75～10.19 GHz 和 8.79～10.44 GHz,两个端口之间的隔离达到了 −20 dB. 与上节所述的角馈双极化微带天线单元相比,在主要频率范围内极化隔离高于后者.

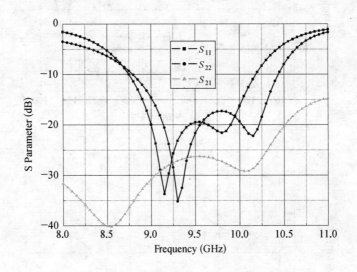

图 4.5 双极化微带天线 S 参数计算值

天线的辐射方向图在图 4.6 中给出,图 4.6(a)中是垂直极化端口激励时天线的两个面的辐射方向图及其交叉极化,在 E 面,交叉极化低于 −25 dB,而 H 面则为 −17 dB. 对于水平极化端口,其 E 面和 H 面的交叉极化分量相近,均低于主极化 23 dB 左右. 这些特性与角馈混合馈电双极化微带天线的相同,其原因都是耦合缝隙破坏了天线的两维对称性所造成. 为了改善这一结构不对称所造成的电性能的恶化,可以通过天线的对称设计来改善天线的性能.

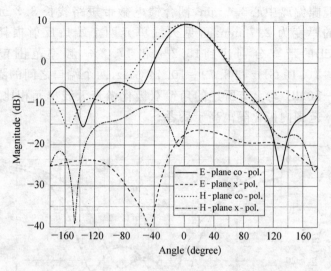

（a）V-Port

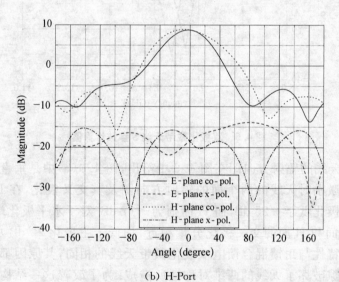

（b）H-Port

图 4.6　天线主极化方向图及交叉极化

　　图 4.7 给出了一种改进方法，鉴于单个耦合缝隙位于微带辐射贴片的一边破坏了辐射天线的对称性，这里将水平极化端口通过两个完全相同的缝隙耦合对称地安排在垂直极化馈线的两侧，而两个耦合缝隙通过一个相位差 180°的等功率分配器馈电，180°相位差通过微带传输线实现．这种结构增加了天线的对称性，减小了因为不对称结构造成的电磁场畸变对天线性能的影响．图 4.8 给出了两个极化端口的隔离计算与实验值，可以看出在 8.5～9.7 GHz 频率范围内，隔离达到了 −40 dB，从图中还可以看出，由于微带传输线 180°相位只能在中心频率上真正实现反相，其他频率由于传输线的色散特性而偏离 180°，所以在中心频率两边，隔离逐渐变差．为了提高这种混合馈电双极化天线的对称性，还可以将耦合缝隙直接置于垂直极化馈线中轴线上，这样结构更加简单，并且排除了 180°传输线频率色散带来的限制．这种对称设计的天线，其辐射方向图与下节介绍的对称双缝馈电微带天线性能相近，如图 4.11 所示，此处不再给出．

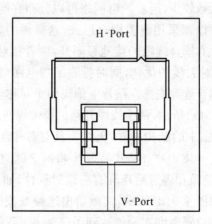

图 4.7　改进的混合馈电双
极化微带天线

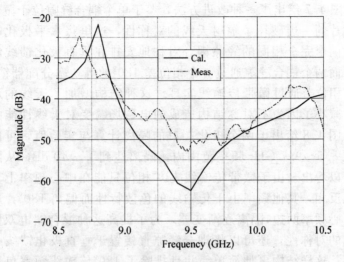

图 4.8　图 4.7 天线的极化隔离计算与实验值

4.3.2　侧馈双极化缝隙耦合馈电贴片

当线阵单元数较少,两套馈电网络可以分布在同一层时,天线单元的两种馈电可以都采用缝隙耦合形式,这样做的好处是辐射单元与馈电网络被开有耦合缝隙的接地板隔开,两者相对独立,分别进行设计,这样便于对天线的优化,同时排除了馈电网络的辐射.通常这种天线的两个耦合缝隙安排在贴片下偏离两个对称轴线位置,呈"L"形分布,如图 4.9(a)所示,两个终端开路的微带线通过缝隙对辐射贴片耦合馈电.从图中的结构来看,天线不具有对称性,天线的两个端口隔离只能达到−18 dB[69].高式昌等[42]将两个缝隙重新安排为"T"形分布,使耦合缝隙和辐射贴片具有一维对称性,如图 4.9(b)所示,天线分层结构如图 4.9(d)所示,文献给出这种 S 波段的天线单元在工作带宽内的端口隔离度实测值达到了−36 dB.我们采用这种天线形式,设计仿真一例应用于 X 波段的天线单元,但图 4.9(b)中端口 2 馈电微带线改为终端直短路线,天线主要尺寸:端口 1 对应的耦合缝主缝宽 0.3 mm，两头矩形 1 mm×0.75 mm，H 形缝总长 5 mm，偏离中心 2 mm；相对应端口 2 的尺寸分别是 0.3 mm、1 mm×1 mm、4.5 mm 和 2.5 mm. 辐射贴片大小 7.7 mm×7.7 mm，寄生辐射贴片 9.5 mm×9.5 mm，两者间距为 2.8 mm. 多层介质板与角馈天线完全相同. 仿真所得天线的 S 参数见图 4.10，两个端口反射损耗小于 −10 dB 的频率分别为：8.77～10.5 和 8.7～10.67 GHz，端口隔离在带内达到了 −33 dB，略差于文献的结果，这是由于端口 2 馈电微带线取成直开路线，导致两个馈电微带线平行部分增加，加大了两者之间

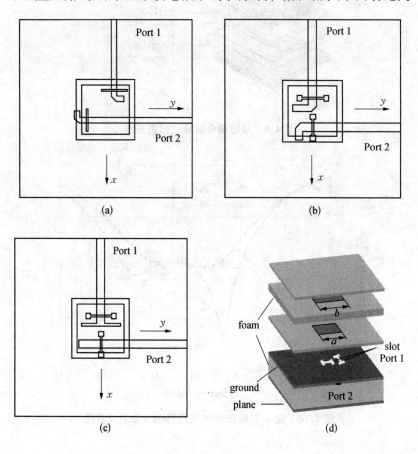

(a)

(b)

(c)

(d)

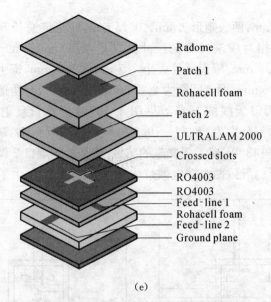

Radome
Patch 1
Rohacell foam
Patch 2
ULTRALAM 2000
Crossed slots
RO4003
RO4003
Feed‑line 1
Rohacell foam
Feed‑line 2
Ground plane

(e)

图 4.9　双缝耦合双极化微带天线

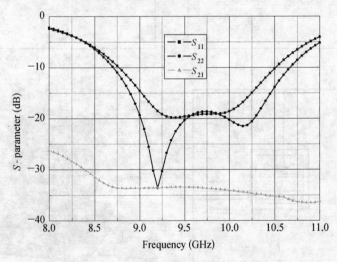

图 4.10　图 4.9(b)天线 X 波段算例 S 参数计算值

的耦合量所导致. 天线的辐射方向图及其交叉极化在图 4.11 中给出, 可以看出, 交叉极化在主瓣内都低于−30 dB. 说明对称设计是非常有效的.

图 4.9(e) 给出另一种对称馈电的双层贴片天线的例子[64], 对该天线两个极化端口的激励都是通过缝隙耦合实现的, 两个正交的耦合缝隙位于贴片单元的正下方, 两个馈电微带线也互相正交, 分别位于一层薄介质板的两边, 虽然该天线在结构上具有很高的对称性, 但由于两个耦合缝隙交叉在一起, 并且两个馈电微带线相互交叉且都位于两个缝隙之下, 因此, 相互之间的耦合较大, 其 C 波段实验件的两个端口隔离只能达到−20 dB, 交叉极化达到−25 dB.

尽管, 图 4.9(b) 中的天线在开缝接地板之上的辐射部分具有一维对称性, 但其馈电部分并不具有同样的特性, 因为其馈线终端为直角弯曲的开路线, 从几何图形来看仍具有不对称性. 作为改进, 我们将馈线改为其中一个仍是直开路线, 另一个为终端 T 形开路, 如图 4.9(c) 所示, 其结构与图 4.9(b) 比较, 其馈线部分也具有对称性. 作为设计验证, 此处计算设计了一个图 4.9(c) 中形式的 X 波段双极化耦合微带天线单元, 并加工进行测试. 图 4.12 中给出了 S 参数计算和测量结果, 两个端口反射损耗小于−10 dB 的频率范围计算值为: 8.7~10.56 GHz, 测试结果为: 8.97~10.64 GHz. 计算端口隔离在 8.5~11 GHz 范围内低于−40 dB, 实验结果得到两个端口隔离大部分都优于−40 dB. 计算值与试验值吻合很好. 其中天线的结构尺寸为: 端口 1 耦合缝隙全长 5 mm、主缝宽 0.3 mm、两头的矩形缝 1 mm×0.75 mm、偏离中心 2 mm; 端口 2 mm 分别是 4 mm、0.3 mm、1 mm×0.75 mm 和 3 mm, 贴片为 7.7 mm×7.7mm, 寄生贴片 9.5 mm×9.5 mm, 反射板取了 40 mm×40 mm. 两个辐射贴片之间的泡沫厚度是 2.8 mm, 介质材料同上. 这种增加对称性的天线端口隔离得到进一步的提高.

图 4.13 给出了该天线两个极化端口分别激励时的主极化方向图及其交叉极化, 与图 4.11 中的结果相当, 从这一结果可以看出, 由于

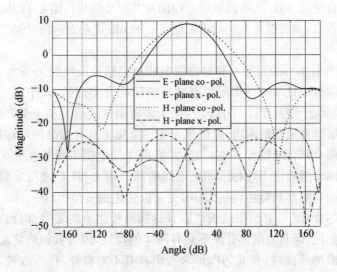

（a）Port1

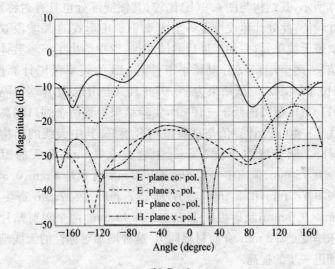

（b）Port2

图 4.11　图 4.9(b)天线主极化方向图及其交叉极化

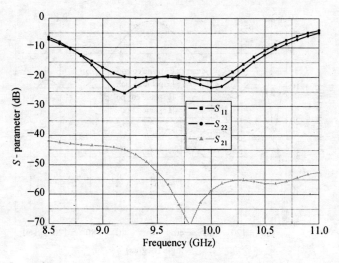

（a）计算值

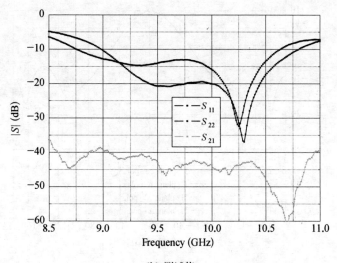

（b）测试值

图 4.12　图 4.9(c)天线单元的 S 参数

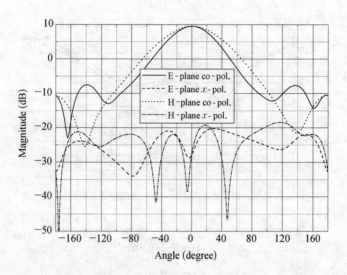

（a）端口 1

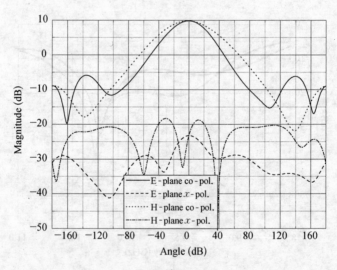

（b）端口 2

图 4.13　图 4.9(c)天线主极化方向图及其交叉极化

馈电网络位于开耦合缝的金属接地板之下,它对天线的辐射方向图影响非常小,两种天线接地板之上的结构完全相同,只是其下的馈电网络发生了变化,这种改变只对两个极化端口之间的耦合发生作用,即改善了端口隔离度.这也验证了缝隙馈电微带天线的一个优点:通过缝隙耦合馈电的微带贴片天线,辐射部分和馈电微带线部分可以分开设计,从而降低了天线设计的难度.从图 4.11 和图 4.13 的交叉极化量来看,由于对称馈电结构的使用,使天线两个极化端口激励时的交叉极化都达到$-28\ \mathrm{dB}$左右,明显优于上一节不对称馈电结构的单元.

4.4 方形微带天线交叉极化抑制及端口隔离提高的理论解释

4.4.1 交叉极化特性分析

对于薄微带天线满足$h \ll \lambda_0$,可以将微带贴片与接地板之间的空间看成是四周为磁壁、上下为电壁的谐振空腔,即一种漏波空腔,天线辐射场由空腔四周的等效磁流得到,天线输入阻抗可根据空腔内场和馈源边界条件求得,这是罗远址(Y. T. Lo)等在 1979 年提出的空腔模型理论[172].应用该方法可以比较直观地分析双极化贴片天线的辐射机理,以及双极化馈电端口之间的互耦.

图 4.14(a)~(h)给出几种主要模式的贴片边缘等效磁流分布,根据各种模式的磁流可以定性地分析其辐射方向图,进而为提高端口隔离度和抑制交叉极化提供依据.贴片天线的辐射方向图,可以等效地认为是各段磁流在空间辐射场的叠加结果.对于图 4.14(a)中的主模 TM_{01},贴片上下两边是一对等幅同相的磁流,在 x,z 和 y,z 面 (x,y) 坐标见图(i)产生主极化辐射,而两边的则是四段等幅、反相的磁流,根据叠加原理,在 x,z 面无辐射;对于单个边缘磁流,在 y,z 面近似为 8 字形辐射,这将影响到天线主瓣之外的交叉极化性能,但是左右反相,这有利于其分量互相抵消.对于 TM_{11} 模,上下边缘是一

对完全相同的磁流源,在 y,z 面辐射为零,而在 x,z 面则在侧射方向以外产生交叉极化分量,近似 8 字形分布,并且两边的磁流相同,因此是同相叠加,左右边缘的情况与上下边缘情况相同. 对于 TM_{02} 模式,根据图中的磁流分布,上下磁流反相,在 x,z 面,侧射方向都形成零点,但是对 y,z 面主瓣侧射方向以外,将产生电场分量,两边磁流效果类似. TM_{20} 模与 TM_{02} 模式相同,只是坐标不同. 基于以上模式电磁辐射特性,可以采用相应措施来抑制不需要模式对天线交叉极化的贡献,例如可以根据各种模式的分布特点,选择合适的馈电方式,减小不需要模式激励的可能. 例如,图 4.14(a)中在平行于 y 轴贴片中线的探针激励 TM_{01} 模式,由于激励点位于 TM_{11} 和 TM_{10} 模的电压分布零点,因此以有效降低这两种模式的产生. 另外,在天线单元组阵时,相邻单元采用反相馈电,抵消不需要的模式对天线辐射的影响.

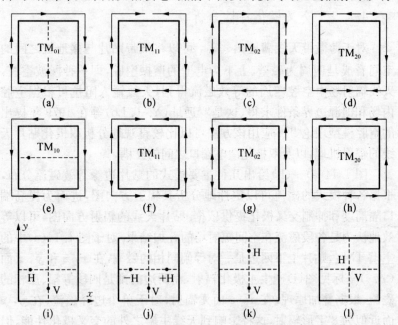

图 4.14 方形贴片天线磁流分布以及几种双极化馈电方式

4.4.2 端口隔离特性分析

上面根据天线贴片四周的等效磁流源定性地分析了各种模式对空间辐射的贡献. 下面就这些模式分布, 分析激励点位置的不同, 对于双极化端口之间隔离度的影响. 一般的双极化方形微带贴片天线, 根据 Maxwell 方程和空腔边界条件[2], 可以得出:

$$E_z = \sum_{m,n} B_{mn} \cos \frac{m\pi x}{a} \cos \frac{n\pi y}{a} \qquad (4.1)$$

式中 $B_{mn} = jk_0\eta_0 I_0 \dfrac{\delta_{0m}\delta_{0n}}{a^2(k^2 - k_{mn}^2)} \cos \dfrac{m\pi x_0}{a} \cos \dfrac{n\pi y_0}{a} j_0 \left(\dfrac{m\pi d_0}{2a}\right)$, δ_{0m} 和 δ_{0n} 是聂曼 (Neumann) 函数, x_0、y_0 为激励点的位置, d_0 为馈电微带线的宽度.

该单元垂直极化端口工作于 TM_{01} 模, 水平极化端口工作于 TM_{10}, 如图 4.14(a)、(e). 除了工作模之外, 还要激励高次模, 图 4.14(b)~(d) 为方形贴片的高次模 (通常只考虑 TM_{11}、TM_{02} 和 TM_{20} 模). 由 (4.1) 式, 当馈电点的位置在边上正中间时, 系数 B_{11} 为零, 该单元不会激励起 TM_{11} 模, TM_{10} 和 TM_{01} 的激励点相对于对方都处于电场为零点的位置, 因此不能激励起另一模式, 而 TM_{02} 和 TM_{20} 在端口 H 和端口 V 处的电场不为零, 从而产生耦合激励, 增大了两端口之间的耦合. 对于这种激励点位于贴片中线的情况, 如果要提高端口之间的隔离度, 只有尽可能地减少高次模对端口的激励耦合. 比较 (c)、(g) 和 (d)、(h), 它们互相反相, 即单独在左边激励时产生 TM_{02} 和 TM_{20} 模的电场方向与单独在右边激励时刚好相反, 因而可以采用在两个边上同时进行等幅反相馈电, 如图 4.14(g) 所示, 这样从理论上就可以消除了 TM_{02} 和 TM_{20} 模对端口 V 的激励; 另外, 由于两个模在两个边上激励的场刚好反相, 对于总端口 H 也刚好相互抵消, 从而进一步减少了两端口之间的耦合, 提高了两极化端口的隔离度, 这就是图 4.7 中一端共面微带线馈电, 另一端采用两个对称缝隙馈电的情况. 对于缝隙耦合情况, 将另一馈电点置于其中一个馈电线的中轴线上, 例如

图 4.14(a)中将 H 极化馈电点置于平行于 y 轴过 V 点的轴线上,如
图 4.14(k)所示,可以得到同样的效果,这种情况对应图 4.9(b)、(c)
天线单元情况. 当两个馈电点都通过贴片中心的正交的双缝隙进行
电磁耦合馈点时,如图 4.14(l)所示,其应用实例见图 4.9(e). 同样,
图 4.7 所示的对称双缝隙耦合馈电,也可以通过位于 V-Port 馈线中
轴线的单缝耦合得到相同的效果.

4.5　小结

　　本章设计研究了多种双极化微带贴片天线,讨论了馈电方式的
影响,并基于对称原理设计改进了天线性能,使天线单元的隔离和辐
射交叉极化得到明显提高. 采用改进的侧馈双极化缝隙耦合馈电的
方形贴片(图 4.9(c)),实测的－10 dB 率范围为 8.97～10.64 GHz,
即相对带宽达 17%,并在 8.5～11 GHz 绝大部分范围上具有优于
－40 dB 的端口隔离. 最后又基于空腔模型理论分析了抑制交叉极化
和提高端口隔离度的原理.

第五章 宽带圆极化贴片天线

5.1 引言

圆极化天线可以接收任意的电磁波,反之,其辐射的波可由任意线极化和同旋向圆极化的天线接收,这一性质使电子侦察和干扰中普遍采用圆极化天线;天线若辐射左旋圆极化波,则其只接收左旋圆极化波而不能接收右旋圆极化波,反之亦然,这一性质被广泛应用到通信、雷达的极化分集工作和电子对抗;利用圆极化波入射到对称目标(平面、球面等)时旋向逆转的性质,可以实现移动通信、GPS 和雷达等抑制雨雾干扰的能力.

微带天线实现圆极化主要分为三类[2~74]:单点馈电法,该方法利用激励两个正交的简并模式来实现,结构简单、成本低、适合于小型化需求,但带宽窄、极化性能差;多馈点方法,利用功分网络对天线多点激励实现两种正交极化波,一般采用传输线实现 90°相移,该方法阻抗带宽和轴比带宽,但馈点网络复杂,尺寸大且损耗大;多元法,使用多个不同线极化的单元组成阵实现圆极化,此类天线结构复杂、尺寸大. 另外,微带天线可以是准方形、准圆形和三角形等,激励口可以是同轴探针、微带或共面波导方式[173~177].

采用多点馈电网络激励以提高圆极化轴比带宽,相应地,微带天线单元需要具有宽带特性,通常使用多层贴片方式[83]、电容耦合[90]、厚空气层[91]以及使用电磁带隙结构[88]. 比较这几种方式,采用厚空气层或多层贴片方式,在结构上相对简单和加工方便.

本章在第四章所述的双缝耦合贴片天线的基础上,采用半集总参数电路模型,用微带高、低阻抗线实现正交混合电桥[178],当这种混合电桥的一个输入端直接去掉或者端接匹配负载,就很容易得到两个输出具有 90°移相差的三端口功分器. 基于这一新型功分网络,得到一种新颖的双缝隙耦合天线圆极化天线. 当利用三端口功分器对双缝耦合贴片天线馈电时,可以实现单圆极化功能,而当直接利用混合电桥馈电时,则可以实现双圆极化功能. 由于半集总参数电路的使用,该功分网络的尺寸比常规电桥小. 因此,可以将电桥完全置于缝隙耦合贴片天线之下,降低了通常使用混合电桥馈电的天线尺寸. 这一优点在实现圆极化天线阵中,对馈电网络布线来说是非常有利的. 另外,由于馈点网络完全置于贴片之下,并且,馈电网络与辐射贴片之间由开有耦合缝隙的接地板隔开,因此,天线单元和馈电网络相对独立,可以非常方便地进行设计. 利用该种天线单元组阵,可以实现大型圆/变圆极化天线阵,并且设计方便.

5.2 双缝耦合天线单元

双缝耦合贴片天线单元可以选择第四章中图 4.9(a)、(b)中的两种形式,其"L"形双缝分布方式,相对于贴片正下方的空间较大,便于功分器的布线,但天线的两个端口极化隔离较差,影响圆极化性能. "T"形双缝分布的两个极化端口可以得到很高的隔离度,因此有利于圆极化性能的提高,但此种结构的馈电,其贴片正下方的空间较小,当采用传统混合电桥方式馈电时,网络将扩展到贴片范围之外,增加圆极化天线的平面面积. 而本章介绍的小型化混合电桥,则可以完全置于贴片范围之下,因此为了提高天线性能,此处选择双缝隙"T"形分布的微带贴片天线单元.

天线分层结构如图 5.1(a)所示,寄生辐射贴片悬置于介质板 3 下面,此介质板兼做天线罩作用;辐射贴片位于介质板 2 之上,此介质板背部是开有耦合缝隙的金属接地板;介质板 1 下表面是耦合馈电微带电路;介质板 2 和介质板 3 之间是相对介电常数为 1.07 的泡沫. 其中介质板 2 和介质板 3 介电常数为 2.55,厚度为 2 mm,介质板 1 为 2.94,0.508 mm. 天线平面结构如图 5.1(b)所示,其中端口 1 通过磁耦合激励天线,实现水平极化;端口 2 通过边缘缝隙电耦合,形成垂直极化波;为了减小耦合缝隙的长度,缝隙采用 H 形结构.

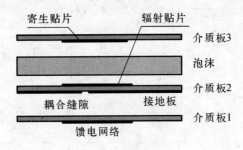

（a）天线的分层结构

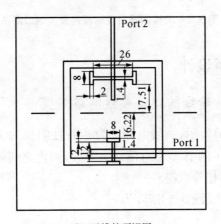

（b）天线的顶视图

图 5.1 双缝耦合贴片天线

设计天线下层的辐射贴片大小为 55 mm×55 mm,寄生贴片为 64 mm×64 mm. 图 5.2 中给出了天线反射损耗及端口隔离计算值. 可见端口 1 反射损耗小于−10 dB 的阻抗带宽为 15.9%,端口 2 达到了 21.1%. 在整个计算频率范围内端口隔离都小于−46 dB.

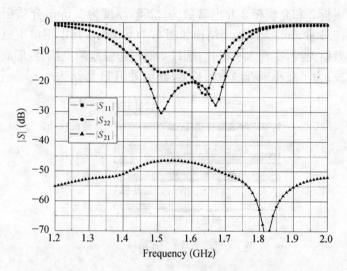

图 5.2　天线的端口反射损耗及其端口隔离

5.3　90°电桥设计

5.3.1　传输线的集总参数电路模型

如图 5.3(a)所示,一段电长度为 θ,特性阻抗为 Z_0 的传输线,可以用图 5.3(b)中的 Π 型集总网络来等效,两者之间的等效关系可由它们的 $[A]$ 矩阵相等求得.

图 5.3(a)传输线段的 $[A]$ 矩阵为:

$$[A]_a = \begin{pmatrix} \cos\theta & jZ_0\sin\theta \\ j\sin\theta/Z_0 & \cos\theta \end{pmatrix} \tag{5.1}$$

图 5.3(b)集总网络的 $[A]$ 矩阵为:

$$[A]_b = \begin{pmatrix} 1-\omega^2 LC & j\omega L \\ 2j\omega C - j\omega^3 LC^2 & 1-\omega^2 LC \end{pmatrix} \tag{5.2}$$

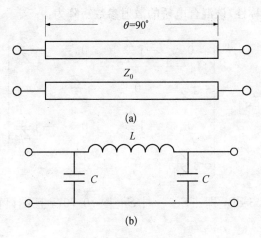

图 5.3 传输线及其等效电路

令上面两个矩阵相等,可得:

$$L = \frac{Z_0 \sin \theta}{\omega}, \ C = \frac{1}{\omega Z_0}\sqrt{\frac{1-\cos\theta}{1+\cos\theta}} \tag{5.3}$$

当电长度 $\theta = 90°$ 时,集总电路参数为:

$$L = \frac{Z_0}{\omega}, \ C = \frac{1}{\omega Z_0} \tag{5.4}$$

5.3.2 90°电桥集总参数等效电路

正交混合电桥是一种直通臂与耦合臂输出有 90°相位差的3 dB定向耦合器,图 5.4 给出带状线或微带线分支线耦合器形式的正交混合电桥,各相邻端口之间相差四分之一波长.

对于这种四端口网络,当所有端口匹配,由端口 1 输入时,端口 3 和 4 功率平分且具有 90°相位差,这种结

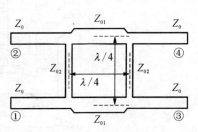

图 5.4 90°电桥的结构与阻抗关系

构还具有对称性,该混合电桥的散射参数矩阵为:

$$[S] = \begin{pmatrix} 0 & -\mathrm{j}\dfrac{Z_0}{Z_{02}} & 0 & -\mathrm{j}\dfrac{Z_0}{Z_{01}} \\[2mm] -\mathrm{j}\dfrac{Z_0}{Z_{02}} & 0 & -\mathrm{j}\dfrac{Z_0}{Z_{01}} & 0 \\[2mm] 0 & -\mathrm{j}\dfrac{Z_0}{Z_{01}} & 0 & -\mathrm{j}\dfrac{Z_0}{Z_{02}} \\[2mm] -\mathrm{j}\dfrac{Z_0}{Z_{01}} & 0 & -\mathrm{j}\dfrac{Z_0}{Z_{02}} & 0 \end{pmatrix} \qquad (5.5)$$

若耦合度为 3 dB, 即 $|S_{21}| = |S_{41}| = 0.707$,且端口特性阻抗为 50 Ω,则:

$$Z_{01} = 35.4\ \Omega,\ Z_{02} = 35.4\ \Omega \qquad (5.6)$$

对于图 5.4 中的混合电桥,结合图 5.3 所示的等效关系,将 90°混合电桥用 LC 电路等效,得图 5.5(a),将相邻的电容和电感合并演化,最终得到图 5.5(b)中的简化等效电路.

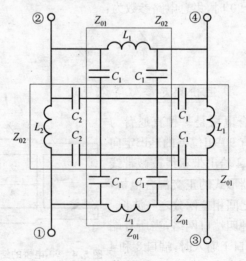

(a) 等效电路

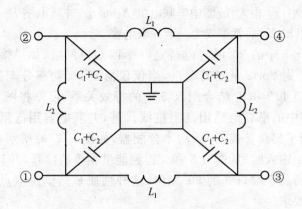

(b) 简化等效电路

图 5.5　正交混合电桥等效电路

5.3.3　LC 网络的微带线实现

一段长为 l 的传输线, 特性阻抗为 Z_0(导纳为 Y_0), 可用一个 T 型网络来等效, 也可用一个 Π 型网络来等效.

对于高阻抗线, 用图 5.6(b) 的 Π 型网络等效, 等效互换公式如下:

$$B_c = Y_0 \sin \beta L \approx Y_0 \beta L \Big|_{\beta L < \frac{\pi}{4}}, \ \frac{X_L}{2} = Z_0 \tan \frac{\beta L}{2} \approx Z_0 \frac{\beta L}{2} \Big|_{\beta L < \frac{\pi}{4}}$$

$$(5.7)$$

因 Z_0 很大, Y_0 很小, 故图中并联电纳 B_c 很小, 串联电感 X_L 很大, 忽略并联电纳 B_c 后就等效为一个串联电感.

对于低阻抗线, 则用图 5.6(c) 的 T 型网络等效, 等效互换公式如下:

$$X_L = Z_0 \sin \beta L \approx Z_0 \beta L \Big|_{\beta L < \frac{\pi}{4}}, \ \frac{B_c}{2} = Y_0 \tan \frac{\beta L}{2} \approx Y_0 \frac{\beta L}{2} \Big|_{\beta L < \frac{\pi}{4}}$$

$$(5.8)$$

因 Z_0 很小,Y_0 很大,故图中串联电抗 X_L 很小,并联电纳 B_c 很大,忽略串联电抗 X_L 后就等效为一个并联电容.

图 5.5 中的 $90°$ 混合电桥是一个四端口网络,如果输入端口是 Port1 则 Port2 是隔离端口,当仅仅需要 $90°$ 功率分配器时,只需要端口 1、2 和 3. 结合图 5.6 中的等效关系,可以将图 5.5(b) LC 电路中的串联电感用高阻抗线代替,并联电容用低阻抗线代替,得到半集总参数的 $90°$ 功率分配器,如图 5.7(a)所示,当信号从端口 1 输入时,从端口 3 和 4 得到能量相等的信号,并且端口 4 的信号滞后于端口 3 的 $90°$ 相位,这种性质显然满足双点馈电圆极化的要求.

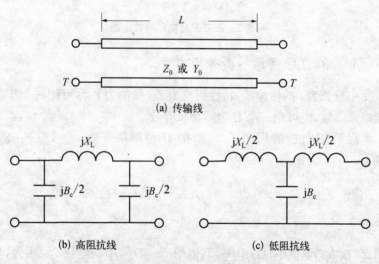

(a) 传输线

(b) 高阻抗线   (c) 低阻抗线

图 5.6　高、低阻抗线的等效电路

图 5.7(b)中给出了用半集总参数构成的混合电桥结构,对于端口 1 和端口 2 互为隔离,当信号从端口 1 输入时,情况与 $90°$ 功率分配器相同. 当信号从端口 2 输入时,则是端口 3 相位滞后于端口 4,利用这一性能对双端口馈电圆极化天线激励,可以方便地得到可变圆极化的天线单元. 值得一提的是图 5.7 中的半集总参

数微带电路在结构上可以进一步压缩,即,将高阻抗线嵌入到大面积的电容贴片内,分别保持高阻抗线长度和低阻抗线面积不变就可以实现,另外,这种基本构形可以产生各种变形结构,以利于和微带天线相结合,构成合适的圆极化天线结构分布.同时,该结构中每个端口可以在方形贴片电容两个外边缘变换,有利于选择合适的输出方向与天线耦合缝隙相连,也便于在组成天线阵时馈电网络的安排.

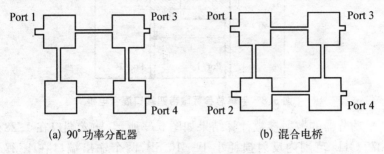

(a) 90°功率分配器   (b) 混合电桥

图 5.7　半集总参数结构

5.3.4　设计实例与小结

根据以上分析,设计一个 L 波段 90°混合电桥,用于 5.1 节中两个极化端口贴片天线的馈电,构成圆极化天线.图 5.8 给出的是四端口混合电桥结构,介质基片采用多层微带贴片天线中介质板 1 相同的材料,厚度为 0.508 mm,介电常数为 2.94.设计的中心频率为 1.5 GHz,经过仿真优化,最终结果如图 5.8 所示.其基本结构尺寸图中已标出,该网络不包括四个输出接头的面积是:23.8 mm×25 mm,而在此介质板上的微带传输线导波长是 120 mm,因此该电桥面积约是传统混合电桥面积的 60%.并且,从图 5.6 所示的结构来看,可以将高阻抗线嵌入到低阻抗线的平板电容中,使电桥面积进一步减小.对于三端口 90°功率分配器,只需将图 5.8 中的输出端口 3 或者端口 4 去掉,稍微调节电容和电感大小就可以实现.

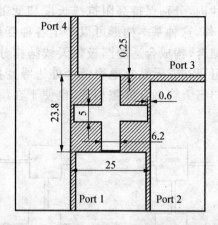

图 5.8　半集总参数微带四端口混合电桥

　　功分器的散射参数计算结果如图 5.9 所示,输入端口在 1.28～1.75 GHz 范围内反射损耗小于－10 dB,两个输出端口在 1.27～1.67 GHz 范围内功分比差值在 3 dB 以内,图 5.9(b)中给出两个输出端口之间的相位差值,在 1.12～1.74 范围内,相位差为 90°±14°以内,频带内起伏较大.

　　四端口混合电桥散射参数计算值如图 5.10 所示,两个输入端口在 1.28～1.77 GHz 范围内反射损耗小于－10 dB,在此范围内端口隔离也优于－10 dB,两个输出端口功率分配幅度不平衡度为±0.5 dB. 图 5.10(b)中给出了两个端口之间相位差,计算结果显示两者差值在 1.28～1.77 GHz 为:900±30. 幅相特性明显优于三端口的功分器性能.

　　本节主要介绍一种半集总参数混合电桥的研究,该电桥由于采用半集总参数微带电路实现,使之面积与传统的混合电桥相比得到明显减小. 另外,舍去该电桥的一个输入隔离端口,就成为一个两个输出口具有 90°相移的 3 dB 功分器. 这两种结构可以用双馈点激励微带贴片,实现圆极化天线.

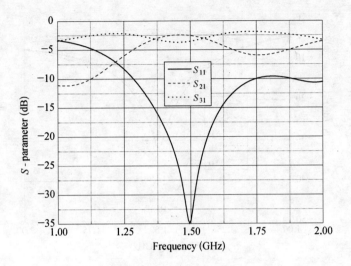

（a）输入端口反射损耗及输出端口功分比

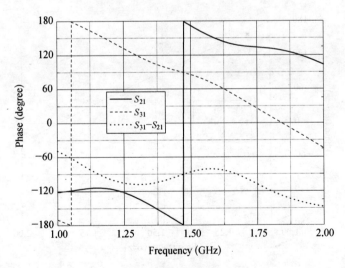

（b）输出端口相位差

图 5.9　90°功率分配器计算结果

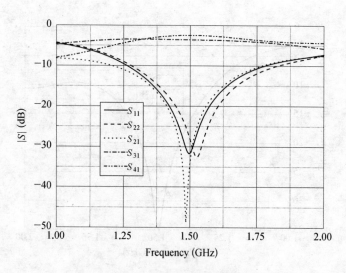

（a）输入端口反射损耗及输出端口功分比

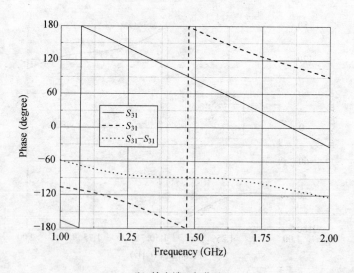

（b）输出端口相位差

图 5.10　混合电桥计算结果

5.4 圆极化及变圆极化天线单元

经过上述天线辐射单元和馈电 90°功分器、四端混合电桥的先期研究设计,将两者结合,合理安排馈电网络在辐射单元下的位置,使馈电网络两个输出端口到天线的两个耦合缝隙距离相等,就可以得到圆极化或者变极化天线单元.

5.4.1 圆极化天线单元

将前述 5.2 节的 90°功分器与 5.1 节的贴片天线相结合便构成圆极化天线单元. 图 5.11 给出了右旋圆极化单元的结构,当输入端口移于下面电容片上时,将实现左旋圆极化天线.

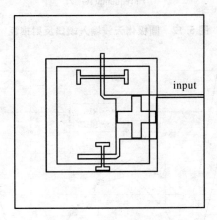

input

图 5.11 右旋圆极化天线单元

图 5.12 给出了两种极化天线的输入端口匹配状况仿真结果,右旋圆极化天线端口反射损耗小于 $-10\,\mathrm{dB}$ 的阻抗带宽为 19%,包括了 $1.48\sim1.79\,\mathrm{GHz}$ 范围,而左旋圆极化天线频率范围为:$1.41\sim1.71\,\mathrm{GHz}$,相对带宽为 19.2%,两者频带稍微错位.图 5.13 给出两种圆极化天线的轴比带宽,左右圆极化天线在 $1.44\sim1.76\,\mathrm{GHz}$ 范围内

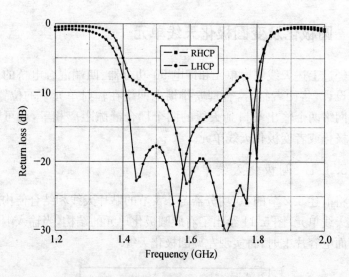

图 5.12 圆极化天线输入端口反射损耗

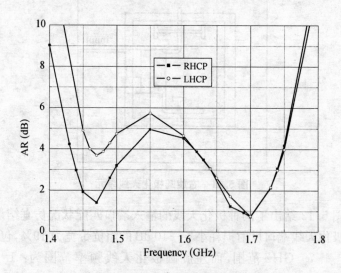

图 5.13 左右圆极化天线轴比

其轴比小于 6 dB. 从曲线趋势来看,两种圆极化天线在这一频率范围内分别出现两个轴比最小点,但中间轴比较大,说明这种单元尚需进一步改进,以降低中心频带的轴比.

5.4.2　双/变圆极化单元

在以上"T"形分布双缝耦合双贴片天线和半集总参数混合电桥成功设计的基础上,将混合电桥选取适当的位置,使其两个输出端口到两个耦合缝隙等长,两者结合构成宽带双圆极化微带天线,结构如图 5.14 所示.其中端口 1 激励,产生右旋圆极化波,端口 2 激励产生左旋圆极化波.

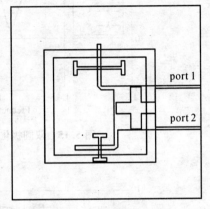

图 5.14　双圆极化天线单元

经过仿真计算,其端口散射参数结果见图 5.15,端口 1 反射损耗小于 −10 dB,相对带宽为 20.6%,包括了 1.39～1.71 GHz 范围,端口 1 反射损耗小于 −10 dB,带宽为 20.7%,包括了 1.47～1.81 GHz 范围,两个端口在 1.42～1.77 GHz 内隔离大于 10 dB. 图 5.16(a) 给出了 1.6 GHz 时的天线辐射方向图,两个主面半功率宽度为 65°,两者重合很好,天线计算增益为 7.72 dB. 图 5.16(b) 结果显示,$\varphi = 0°$ 面 107° 空域里其轴比小于 3 dB,$\varphi = 90°$ 面 106° 空域里其轴比小于 3 dB,表现出在非常宽的空间范围内都实现了圆极化.图 5.17 给出了天线的轴比带宽计算值,对于右旋圆极化端口,在 1.37～1.77 GHz 范围内轴比小于 3 dB,相对带宽为 25.5%,而对于左旋圆极化端口,则在 1.44～1.83 GHz 范围内轴比小于 3 dB,相对带宽为 23.9%,可见实现了宽带圆极化性能.

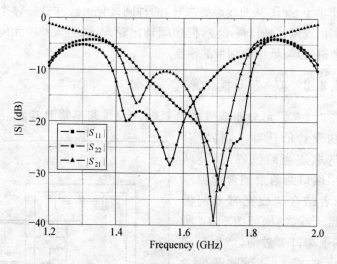

图 5.15 双圆极化天线散射参数

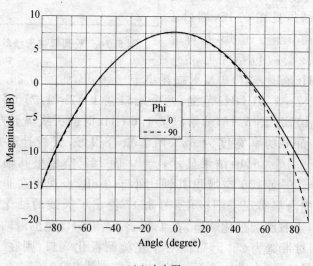

(a) 方向图

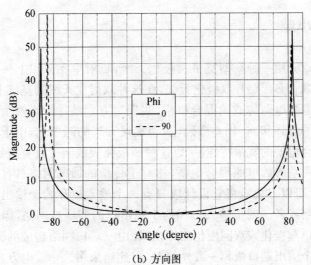

（b）方向图

图 5.16 双圆极化天线辐射特性

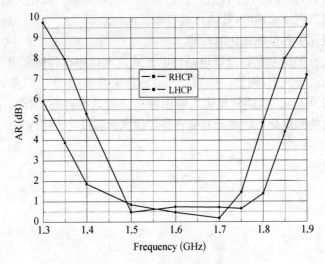

图 5.17 双圆极化天线轴比带宽

5.5　小结

　　本章介绍一种新型宽带圆极化天线,辐射单元采用上一章介绍的双缝耦合多层贴片双极化天线,在这种双极化天线的基础上,采用半集总参数电路构成的混合电桥,实现对方形贴片天线两个正交简并模式的等幅和 90°相差激励,从而实现天线的圆极化,由于天线单元和混合电桥的宽带特性,所以这种圆极化天线同样具有宽带性能.这种半集总参数电路混合电桥,相对于传统的馈电网络具有体积小的优势.可以方便地将它设计成只有一个输入口和两个输出口的三端口网络或者是两个输入口和两个输出口的四端口网络,因此很容易实现单圆极化或双圆极化工作模式.由三端口网络构成的圆极化,由于两个输出端口幅相一致性较差,因此当采用这一馈电方式时,虽然得到较大的阻抗带宽,但其轴比带宽较小,仿真得到的圆极化效果并不理想,需要进一步改进.另外,为了实现宽带单圆极化天线,可以由四端口网络来馈电,其隔离端口端接匹配负载,这样就可以得到双变圆极化中各单圆极化的性能.

　　这种半集总参数微带电路馈电方式还可以用在其他多点馈电圆极化天线单元上,例如,单层圆/方形贴片天线等.由于天线单元与馈电网络互相独立,功分器输入输出端口位置选择自由,因此,采用这种结构的圆极化天线单元非常容易实现宽带圆极化天线阵.

第六章 宽带双极化微带天线阵

6.1 引言

合成孔径雷达相对光学成像方法,其对地观测由于不受气候、日照等条件影响,可以全天候、全天时地对地观测,因此,广泛应用于民用和军事中. 对于不同的波段还可以得到不同的成像效果,有的波段可以穿透树叶甚至地面观察到隐藏在下面的目标,资料显示[98,179,180],波长越长,穿透能力越强,适合于观察比较稠密的作物或树木生长情况,并且对于淡水或穿透地下目标的观察具有明显优势,X 波段则特别适合于对冰和海面污染层的观察. 国外已经采用的是 L、S、C、X 四种波段,中心频率分别选择在 1.27、3.3、5.3 和 9.6 GHz 左右.

目前,应用于合成孔径雷达的天线主要有波导缝隙天线阵和微带天线阵两种,通常是频率比较低的情况下采用微带天线形式,如 L 波段,对于比较高的频段,如 S、C、X 等波段则用波导形式. 但随着微波集成技术的发展,以及 SAR 工作模式的拓展,例如条带和聚束模式,固态有源相控阵天线已成为合成孔径雷达天线的主流. 另外,由于微带天线结构的灵活,特别适合将来高分辨率、多极化、多频段共用口径天线等方面的需求[181],因此,它的应用越来越多. 国内外已有许多关于 SAR 双极化微带天线阵的研究,主要发展出双极化探针馈电多层微带贴片天线阵[53]、共面微带线馈电的贴片天线阵[182,55]和缝隙耦合双极化微带天线阵[183,184,67]等形式.

为了实现星载 SAR 的扫描(ScanSAR)和聚束(Spotlight)工作模式,天线阵要求具有方位向(±1°左右)和距离向(±20°左右)扫描的功能,距离向扫描要求确定了天线距离向线阵单元间距. 鉴于重量、体积和成本的限制,天线阵一般采用分块方式,在方位向,一个 T/R 组件控制多个天线单元组成的线阵(通常由 16 个单元组成),距离向多个线阵组合成一个子阵.

本章在第四章宽带双极化天线单元的研究基础上,设计宽带双极化微带天线阵. 为了有效抑制天线阵交叉极化,天线阵设计中采用了反相馈电和对称布线等方法,并且分别对二元阵、四元阵、八元阵和十六元阵的馈电网络进行分析研究,最终得出最佳馈电组合方式. 设计加工了多种形式的天线阵,并给出了测试结果.

6.2 双极化微带天线阵的馈电网络

当由微带贴片单元组成平面天线阵时,对单元馈电的功分网络设计是非常重要的,尽管微带贴片单元的性能达到了很高指标,但馈电网络的好坏将严重影响着天线阵的性能. 对于微带线阵的馈电主要可以划分成并馈网络和串馈网络两种,还有一种就是并馈与串馈结合使用的串并馈方式. 串馈微带天线阵损耗小,但设计复杂,单元的幅相分布起伏较大,易造成整个天线阵的幅瓣电平抬升、增益下降,带宽随着单元数的增加而降低,尤为突出的是交叉极化难以抑制,也不利于另一极化的设计. 相比较而言,并馈网络简单易行,带宽宽,交叉极化易于抑制,但其代价是损耗较大,相应地降低了天线的整体效率. 因此,要根据天线阵的实际要求折衷考虑来选择馈电形式. 对于交叉极化的抑制,主要采用单元间反向馈电和线阵之间对称设计等方法.

早期合成孔径雷达要求的工作带宽较窄,大都选择串馈方式[56,185],文献中的天线阵如 6.1 图所示. 图 6.1(a)(C 波段,中心频率 5.3 GHz)采用 8 单元中间馈电,两种极化都采用开路微带线耦合馈电方式,天线的反射损耗小于 −15 dB 的阻抗带宽为 100 MHz,由于采用的反向馈电和线阵间对称分布,其交叉极化得到很好抑制,交叉

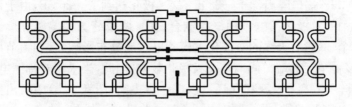

（a）耦合馈电

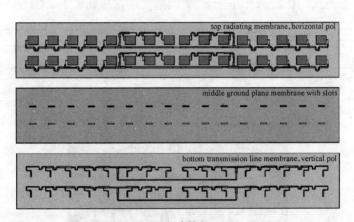

（b）混合馈电

图 6.1　串馈天线阵

极化分量低于主极化量达到－30 dB 以下. 图 6.1(b)(L 波段,中心频率 1.25 GHz)具有 16 个单元,由于单元数较多,带宽较窄,端口驻波比小于 2:1 的阻抗带宽为 80 MHz. 其水平极化采用共面微带线馈电,其交叉极化性能较差,只能达到－20 dB 左右,而垂直极化采用位于贴片中轴线的缝隙耦合方式馈电,交叉极化分量较低,达到－28 dB 左右,两个极化端口的隔离高达－40 dB,这归功于两种极化馈电网络居于开缝接地板的两边.

随着天线的工作带宽和交叉极化抑制要求的提高,选择并馈网络[58,67]渐成为必须. 文献[58]中的 C 波段 8 元天线阵采用单层贴片天线形式,如图 6.2(a)所示,反射损耗小于－18 dB 的阻抗带宽为

150 MHz,端口隔离优于−28 dB,交叉极化达到了−26 dB,由于该天线阵中的双极化馈电采用缝隙耦合,并且两个缝隙都偏离方形天线的两个轴线,对天线的双极化主模的电磁场分布影响大,如上节所讨论,该种单元的端口隔离与交叉极化较差,因此,当采用对称馈电时,天线阵的隔离和交叉极化还可以进一步提高. 图 6.2(b)中给出文献[67]中的 X 波段(中心频率 9.6 GHz)单极化天线阵,整个天线阵采用并馈形式,其 VSWR 小于 2∶1 的阻抗带宽达到了 1.2 GHz.

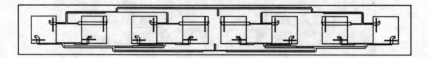

(a) 文献[58]8 元阵

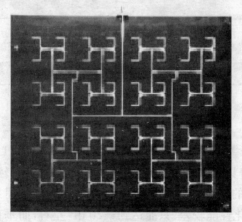

(b) 文献[67]8×8 元阵

图 6.2　并馈天线阵

　　串并馈方式[186,187]也是常常使用的馈电方式,这种馈电方式性能介于前两者之间,文献[26]中设计的天线阵如图 6.3 所示,在 X 波段实现了电压驻波比小于 1.5 时 250 MHz 的阻抗带宽,组阵中同样采用了反相馈电和线阵间对称分布的方法,使交叉极化达到了−35 dB.

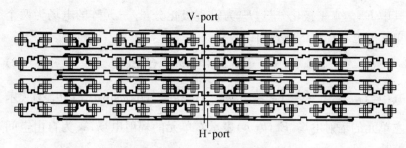

图 6.3　文献[26]中串并馈微带天线阵

6.3　双极化微带天线阵的分析与设计

6.3.1　二元阵

方形贴片作为辐射贴片要产生高次模,对于各单元相同激励的双极化微带天线阵,由于高次模的存在,使两端口之间产生干扰,从而降低了端口之间的隔离度,抬高了交叉极化电平. 为了取得较高的极化纯度,可成对地对单元采用等幅反相馈电[56]. 图 6.4 为二元微带线阵,每个贴片包含两个激励点,产生两种线极化波,"H"表示激励水平极化波的端口,"V"表示激励垂直极化波的端口. 符号"+"表示两个单元对应的端口等幅同相馈电,"-"表示两个单元对应的端口等幅反相馈电. 假设天线远区电场的方向图为:

$$\overline{E}(\theta, \varphi) = \begin{Bmatrix} E^h(\theta, \varphi) \\ E^v(\theta, \varphi) \end{Bmatrix} \tag{6.1}$$

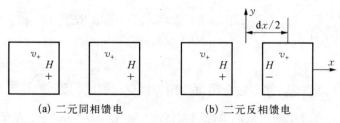

(a) 二元同相馈电　　　　(b) 二元反相馈电

图 6.4　二元阵结构图

其中 E^h 为水平极化分量, E^v 为垂直极化分量. 二元阵的电场为两个单元的电场在远区的叠加:

$$\overline{E}_{2\times1}(\theta, \varphi) = G_L E_L(\theta, \varphi) + G_R E_R(\theta, \varphi) \tag{6.2}$$

其中: $G_L = A_L e^{-jB}$, $G_R = A_R e^{jB}$, $B = \dfrac{\pi d x}{\lambda_0} \cos\varphi \sin\theta$. $E_L(\theta, \varphi)$ 表示左单元的辐射电场, $E_R(\theta, \varphi)$ 表示右单元的辐射电场, λ_0 为自由空间波长.

对于结构(a), 由于两个端口都采用等幅同相馈电, 取

$$A_L^H = A_R^H = A_L^V = A_R^V = \frac{1}{\sqrt{2}}.$$

利用奇偶模对称原理, 左单元的电场可表示为

$$E_L(\theta, \varphi) = \begin{cases} E^h(\theta, \varphi) = E^{he}(\theta, \varphi) + E^{ho}(\theta, \varphi) \\ E^v(\theta, \varphi) = E^{ve}(\theta, \varphi) + E^{vo}(\theta, \varphi) \end{cases} \tag{6.3}$$

右单元的电场可表示为

$$E_R(\theta, \varphi) = \begin{cases} E^h(\theta, \pi-\varphi) = E^{he}(\theta, \varphi) - E^{ho}(\theta, \varphi) \\ E^v(\theta, \pi-\varphi) = E^{ve}(\theta, \varphi) - E^{vo}(\theta, \varphi) \end{cases} \tag{6.4}$$

将(6.3)和(6.4)式代入(6.1)式可得:

$$E_{A2\times1}^H(\theta, \varphi) = \sqrt{2} \begin{cases} \cos B E^{Hhe}(\theta, \varphi) - j\sin B E^{Hho}(\theta, \varphi) \\ \cos B E^{Hve}(\theta, \varphi) - j\sin B E^{Hvo}(\theta, \varphi) \end{cases}$$

$$\tag{6.5}$$

$$E_{A2\times1}^V(\theta, \varphi) = \sqrt{2} \begin{cases} \cos B E^{Vhe}(\theta, \varphi) - j\sin B E^{Vho}(\theta, \varphi) \\ \cos B E^{Vve}(\theta, \varphi) - j\sin B E^{Vvo}(\theta, \varphi) \end{cases}$$

$$\tag{6.6}$$

对于(b)型结构, 水平极化端口采用等幅反相馈电, 取 $A_L^H = -A_R^H = \dfrac{1}{\sqrt{2}}$; 垂直极化端口采用等幅同相馈电, 取 $A_L^V = A_R^V = \dfrac{1}{\sqrt{2}}$. 左单元的

电场仍为(6.4)式,右单元的电场则变为:

$$E_R(\theta, \varphi) = \begin{Bmatrix} -E^h(\theta, \pi-\varphi) = -E^{he}(\theta, \varphi) + E^{ho}(\theta, \varphi) \\ E^v(\theta, \pi-\varphi) = E^{ve}(\theta, \varphi) - E^{vo}(\theta, \varphi) \end{Bmatrix}$$

(6.7)

从而,可以得到(b)型结构的电场如下:

$$E_{B2\times1}^H(\theta, \varphi) = \sqrt{2} \begin{Bmatrix} \cos BE^{Hhe}(\theta, \varphi) - j\sin BE^{Hho}(\theta, \varphi) \\ -j\sin BE^{Hve}(\theta, \varphi) + \cos BE^{Hvo}(\theta, \varphi) \end{Bmatrix}$$

(6.8)

$$E_{B2\times1}^V(\theta, 0) = \sqrt{2} \begin{Bmatrix} -j\sin BE^{Vhe}(\theta, \varphi) + \cos BE^{Vho}(\theta, \varphi) \\ \cos BE^{Vve}(\theta, \varphi) - j\sin BE^{Vvo}(\theta, \varphi) \end{Bmatrix}$$

(6.9)

另外,根据奇偶模原理

$$\begin{cases} E^e(\theta, \varphi) = E^e(\theta, -\varphi) \\ E^o(\theta, \varphi) = -E^o(\theta, -\varphi) \end{cases}$$

(6.10)

令 $\varphi = 0$, 可以得出

$$\begin{cases} E^{ho}(\theta, 0) = 0 \\ E^{vo}(\theta, 0) = 0 \end{cases}$$

(6.11)

那么, 当 $\varphi = 0$ 时,(6.5)和(6.6)式可以简化为:

$$E_{A2\times1}^H(\theta, 0) = \sqrt{2} \begin{Bmatrix} \cos BE^{Hhe}(\theta, 0) \\ \cos BE^{Hve}(\theta, 0) \end{Bmatrix}$$

(6.12)

$$E_{A2\times1}^V(\theta, 0) = \sqrt{2} \begin{Bmatrix} \cos BE^{Vhe}(\theta, 0) \\ \cos BE^{Vve}(\theta, 0) \end{Bmatrix}$$

(6.13)

同样,(6.8)和(6.9)式也可以简化为

$$E_{B2\times1}^H(\theta, 0) = \sqrt{2} \begin{Bmatrix} \cos BE^{Hhe}(\theta, 0) \\ -j\sin BE^{Hve}(\theta, 0) \end{Bmatrix}$$

(6.14)

$$E_{B2\times1}^{V}(\theta,\,0) = \sqrt{2}\left\{\begin{array}{l}-\mathrm{j}\sin BE^{Vhe}(\theta,\,0)\\ \cos BE^{Vve}(\theta,\,0)\end{array}\right\} \tag{4.15}$$

定义端口 H 的交叉极化为 $|\bar{E}^{Hv}(\theta,\varphi)|\,/\,|\bar{E}^{H}(\theta,\varphi)|$[188]，端口 V 的交叉极化为 $|\bar{E}^{Vh}(\theta,\varphi)|\,/\,|\bar{E}^{V}(\theta,\varphi)|$. 比较结构(a)和(b)，在 $\varphi=0°$ 面上，交叉极化分量中的 $\cos B$ 变为 $\sin B$. 为了抑制栅瓣，通常取 $d_x \leqslant \lambda_0$，则 B 的范围为 $0\sim\pi/2$. 可见结构(a)的交叉极化分量在 $\theta=0°$ 时最大，而结构(b)的交叉极化分量在 $\theta=0°$ 时最小，从而抑制了其主瓣内的交叉极化，但抬高了其主瓣外(即 θ 比较大时)的交叉极化电平.这种分析同样对于 y 方向两个单元分布有效.因此，在由线阵组成面阵时，线阵之间也采用反向馈电的方式，表现在天线阵构造上，线阵之间为对称分布.

6.3.2 四元阵的设计与性能

成对单元采用等幅反相馈电只能较好地抑制其主瓣内的交叉极化，却抬高了主瓣外的交叉极化电平.为了进一步了解单元数较多情况下，天线交叉极化抑制性能，我们研究了四种不同馈电结构的四元线阵，如图 4.19 所示，其成对单元都采用了反相馈电技术，但具有不同的配置方式，分析、比较各种线阵抑制主瓣外的交叉极化性能.其中(a)、(b)结构，成对单元水平极化采用等幅反相馈电，垂直极化采用等幅同相馈电，而(c)结构相当于(a)、(b)结构部分相结合[189,53]；(d)结构成对单元垂直极化采用等幅反相馈电，水平极化采用等幅同相馈电，而且两组成对单元形成关于垂直面的镜像.

图 6.6 至图 6.9 分别给出了在 $f=9.5\,\mathrm{GHz}$ 上，四种结构的方向图仿真结果($\varphi=0°$面)，辐射单元采用图 4.4 中混合馈电贴片天线，间距取 0.7λ，(a)、(b)、(c)、(d)的交叉极化电平分别为 -17.5、-23.8、-22.2 和 -22.5 dB(水平极化)，-24.4、-20.5、-27.4 和 -30.2 dB(垂直极化).可见，由于成对单元采用等幅反相馈电，四种结构的交叉极化电平在主瓣内都比较低，而在主瓣外相对比较高，但

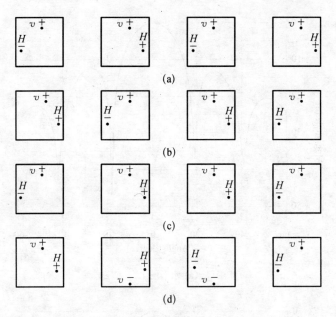

图 6.5　四种线阵结构图

结构(d)相对于其他三种结构,主瓣外的交叉极化电平有了明显的下降(约 $6\sim10$ dB). 其主要原因是这种排阵的馈电结构既抑制了 TM_{02} 模的辐射,同时又抑制了 TM_{20} 模的辐射,而其他三种结构只是抑制了 TM_{02} 模的辐射.

　　基于以上分析,设计加工结构(d)分布的双极化天线阵,如图 6.10所示,天线的辐射单元采用 4.3.1 节中的混合馈电方形双层微带贴片天线,测得的交叉极化电平分别低于 -27.2 dB 和 -28.1 dB,与理论计算非常接近,如图 6.9 所示,证实了理论分析的有效性. 天线阵两个端口隔离度大于 34 dB.

　　图 6.10 的四元阵中单元是采用混合馈电的双贴片天线,作为比较,如 4.3.2 节所述,具有对称性质的双缝耦合贴片单元可以得到更为优良的性能. 将天线单元改为图 4.9(c)中的 T 形对称双缝耦合形式,组成 4 元天线阵,图 6.11 给出这种天线的透视图. 图中的垂直极

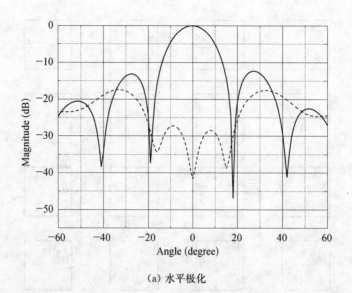

（a）水平极化

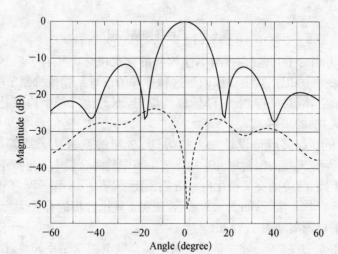

（b）垂直极化

图 6.6 结构图 6.5(a)的计算方向图

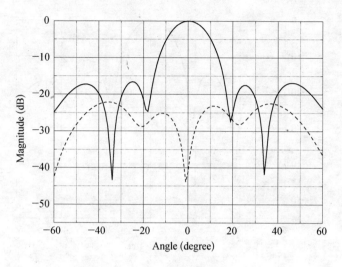

（a）水平极化

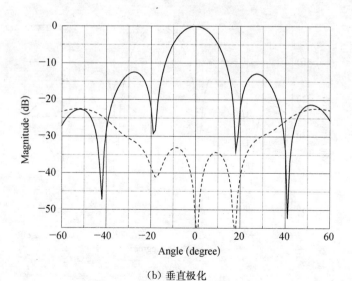

（b）垂直极化

图 6.7　结构图 6.5(b)的计算方向图

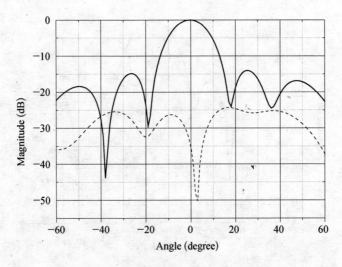

（a）水平极化

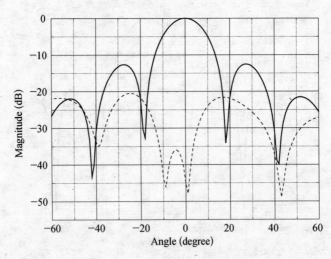

（b）垂直极化

图 6.8　结构图 6.5(c)的计算方向图

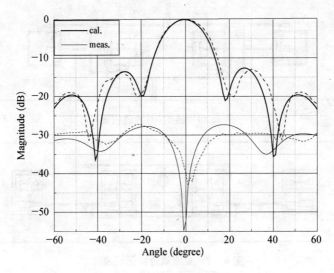

（a）水平极化

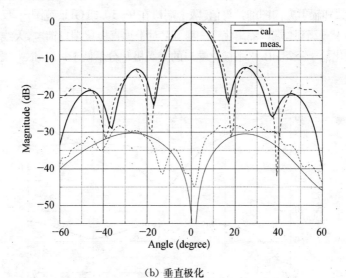

（b）垂直极化

图 6.9　结构图 6.5(d)的计算与实测方向图

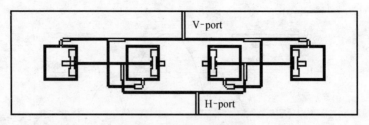

图 6.10   结构(d)的透视图

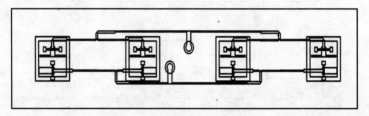

图 6.11   双缝耦合 4 元天线阵

化为端口 1,水平极化设为端口 2. 图 6.12 和图 6.13 分别给出了该天线的
S 参数和辐射方向图的计算值. 两个端口在 9～10.25 GHz 范围内,反射损
耗小于−15 dB,端口隔离优于−44 dB. 对于垂直极化端口馈电,天线的交
叉极化低于−28 dB,水平极化端口的交叉极化分量低于−30 dB.

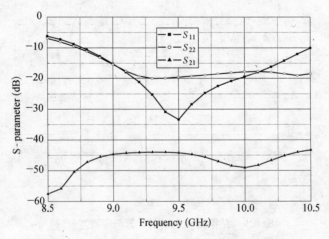

图 6.12   双缝耦合 4 元天线阵的 S 参数计算值

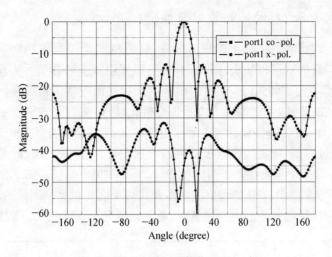

（a）水平极化端口

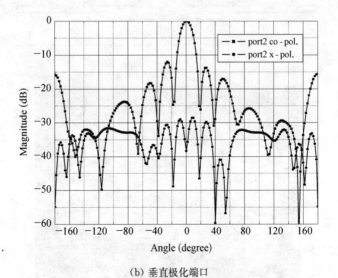

（b）垂直极化端口

图 6.13　天线的辐射方向图及交叉极化

6.3.3　八元阵的设计与性能

在四元阵的基础上实现八元阵,只需将两个四元阵外加等功率分配器合成就可以实现. 图 6.14(a)给出了用双缝耦合单元实现的八单元阵,为了简化加工,两个输出端口采用共面侧馈微带线与同轴接头相联的方式,其中端口 1 表示垂直极化端口,端口 2 表示水平极化端口. 图 6.14(b)是设计加工后未组装的 X 波段双缝耦合八单元天线阵,经过测试,该天线两个极化端口反射损耗小于-10 dB 的带宽达到 20%,端口隔离在整个带内优于-35 dB,如图 6.15 所示. 图 6.16 给出了天线9.5 GHz的辐射方向图及其交叉极化在水平面的测试值,两个端口激励的辐射方向图显示,最大幅瓣低于-12.2 dB,天线交叉

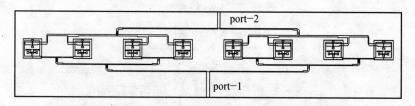

(a) 天线结构示意图

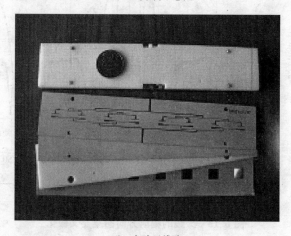

(b) 实验天线阵

图 6.14　双缝耦合八单元贴片天线阵

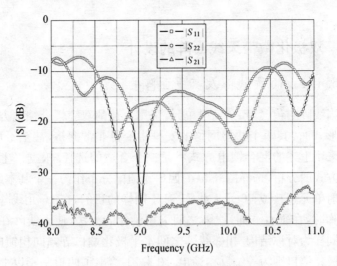

图 6.15　天线端口反射损耗及其隔离

极化电平在主瓣内低于−37 dB,在±60°辐射空间范围内最大交叉极化电平低于−22 dB. 我们在 9～10.5 GHz 范围内还测试了多个频率点的辐射方向图及交叉极化,结果显示在 9～10 GHz 范围内辐射方向图和交叉极化稳定,结果与图 6.16 中所给相近.

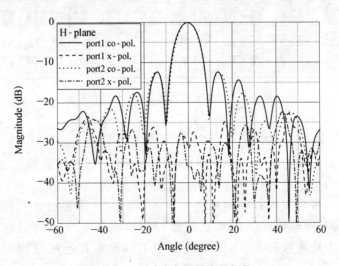

图 6.16　测试方向图及交叉极化

6.4　双极化微带天线面阵的设计

6.4.1　16 元线阵及其平面阵的设计

当线阵中包含 16 个辐射单元,采用上述的双缝耦合馈电方式的天线形式时,其两个并馈网络的安排将变得非常拥挤,甚至不可能,此时采用上述的混合馈电方式将是一个合适的选择. 根据以上馈电布阵方式的分析,选择图 6.5(d)四单元馈电分布作为一个基本组合,将辐射单元连接成 16 元天线阵. 基于同样的目的,在 16 元线阵组成平面阵时,在垂直方向,线阵之间采用镜像的方法,使天线阵在垂直方向同样为对称结构. 相邻线阵之间水平极化端口等幅同相馈电,而垂直极化端口则为等幅反相馈电. 图 4.31 给出了四根基于以上准则布线的 16 单元线阵. 考虑到设计中的线阵最终是用于大型有源相控阵中,因此其输出/输入端口需要由同轴连接器引出,设计中采用 SMA 连接器.

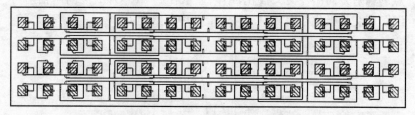

图 6.17　4×16 单元天线阵的布线示意图

6.4.2　平面阵输出同轴连接方式研究

上面组成的平面阵需要通过同轴接头从面阵背部输出,垂直连接性能的好坏直接影响着天线输入/输出的匹配. 由于混合馈电双极化天线存在两种馈电方式,因此,这需要设计两种不同的微带-同轴连接器的垂直过渡. 显然,由于垂直极化馈电微带线位于接地板的上方,因此实际加工这种垂直连接结构相对简单方便些,其具体结构如图 6.18(a)所示,同轴线外导体与金属接地板直接连接,而内导体穿过介质板 2,与馈电微带线通过焊接组装.

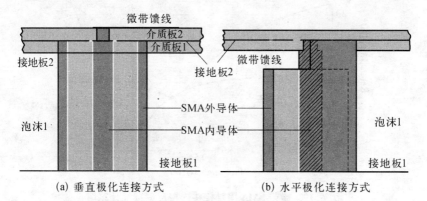

图 6.18　微带同轴连接方式

而对于水平极化端口,由于微带线悬置于介质板之下,上述方法中的同轴内导体则无法直接与微带线焊接,并且外导体的联接设计是这种连接匹配性能的关键,如果将外导体距离介质板 2 在一定距离悬空,虽然在中心频率附近能够得到良好的阻抗匹配,但是这种连接带宽性能很差,这是由于当悬空时,同轴线与微带线之间存在一段无外导体传输结构,破坏了 TEM 传输模式,并且难于在微带上实现补偿匹配. 鉴于此,将存在微带线一边的外导体切去,使同轴线与微带线之间的联接线仍具有半个外导体,如图 6.18(b)所示. 这样就约束了接头处的电磁场畸变,使其仍近似于 TEM 传输模式,计算仿真发现这种结构非常易于匹配,只需在微带线上加一矩形贴片就可以实现,并且阻抗带宽很宽. 图 6.18 中的联接示意结构都省略了寄生贴片及其介质板和下面的支撑泡沫. 经过优化仿真,两种连接方式具有很好的阻抗匹配特性,图 6.19 给出了该垂直极化连接的反射损耗计算值,两种接头在 8.5～10.5 GHz 范围内反射损耗都小于－25 dB.

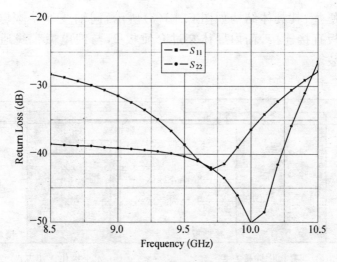

图 6.19　微带 SMA 同轴接头连接反射损耗计算值

6.5　双极化 16×16 平面天线实验阵测试结果

　　结合以上分析,设计、加工了一个 X 波段的 16×16 元微带平面阵,线阵间分布关系按图 6.17 所示的结构,即,相邻线阵间镜像对称,实验件照片如图 6.20 所示.

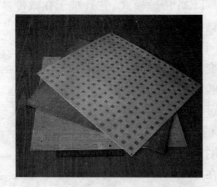

图 6.20　16×16 元双极化微带实验天线平面阵照片

　　利用矢量网络分析仪测量了线阵的 S 参数以及隔离度和线阵之间的互耦,测量时其他端口连接匹配负载. 图 6.21 给出面阵中其中两个线阵的电压驻波比,其中 V-Port 表示的是双极化线阵中垂直极化端口的 VSWR, H-Port 是水平极化端口的 VSWR. 测试结果显示垂直极化端口在所测 8.5～11 GHz 范围内,反射损耗都小于－10 dB,而水平极化端口在 8.65～10.65 GHz 范围内优于－10 dB. 水平极化端口测量结果比垂直极化端口的结果稍差,这是由于影响水平极化端口的装配粘胶层数多于垂直极化端口,在多层介质板粘结过程中的胶层厚度和介电常数误差所造成. 图 6.22 和图 6.23 给出 V 和 H 端口与相邻线阵之间的互耦测量值, S_{21}、S_{31}、S_{41}、S_{51} 分别表示相邻和相隔 1、2、3 个线阵的情况,可以看出相邻线阵之互耦低于－21 dB,相隔一个之间低于－32 dB,再远一些已达到－40 dB. 图 6.24 给出的是 H 与 V 端口之间的隔离测试值,图中 C-C 表示同一根线阵中 H 和 V 之间的隔离,C-R 和 C-L 分别表示与相邻线阵中端口之间的隔离. 可以看出,同一

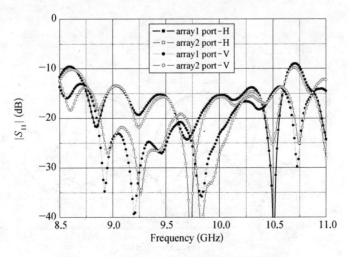

图 6.21　平面阵中两个线阵端口的反射损耗

根线阵中的两个端口,在所有测试频率范围内端口隔离度优于
－32 dB,相邻线阵之间隔离端口则达到－38 dB.

天线方向图在室内近场试验室测量,图 6.25 和图 6.26 给天线阵
中单根线阵的辐射方向图及其交叉极化测量值,频率分别是 9.0、
9.5、10.0 GHz,由于在测试中天线架设偏离,所有方向图指向存在一
定偏离.图 6.25 是 V 端口馈电水平面内的辐射方向图及其交叉极
化,在三个频率点上方向图最大副瓣电平分别为－13.2、13.7、
12.0 dB,主瓣内交叉极化电平低于驻极化分别是 29、28.7、29 dB,主
瓣外分别是－24.6、－24.6、－25.5 dB. H 端口馈电的辐射方向图和
交叉极化在图 6.26 中给出,在三个频率点上方向图最大副瓣电平分
别为－15.3、14.9、14.4 dB,主瓣内交叉极化电平低于驻极化分别是
27.8、30.0、28.3 dB,主瓣外分别是－29.7、－25.8、－24.6 dB. 我们
在 9.0～10.0 GHz 范围内的多个频率点测试了线阵的辐射方向图和
交叉极化,结果与给出的值非常相近,说明天线在宽的频带内具有稳
定良好的辐射特性.

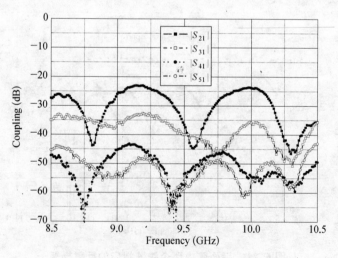

图 6.22　平面阵中 H 极化端口互耦

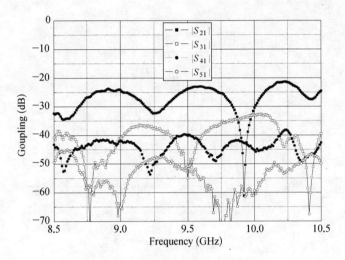

图 6.23　平面阵中 V 极化端口互耦

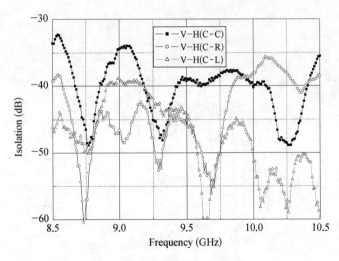

图 6.24　平面阵中 V/H 隔离

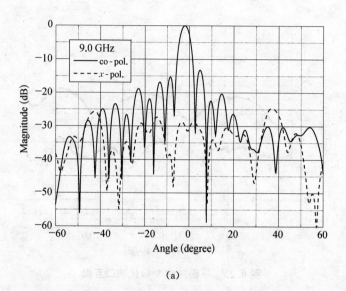

(a)

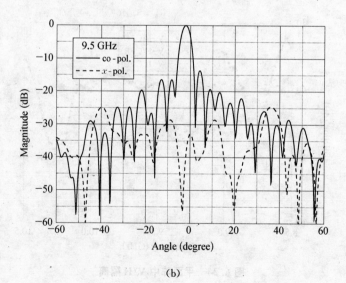

(b)

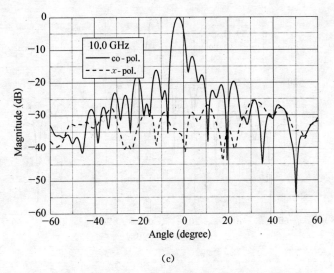

(c)

图 6.25 双极化微带线阵 V 端口激励水平面方向图和交叉极化

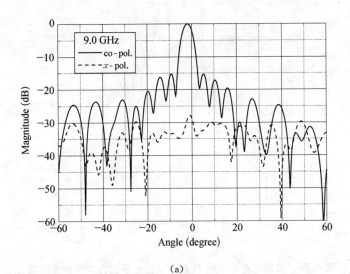

(a)

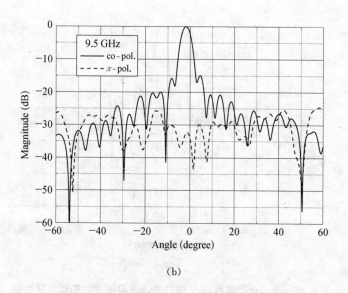

(b)

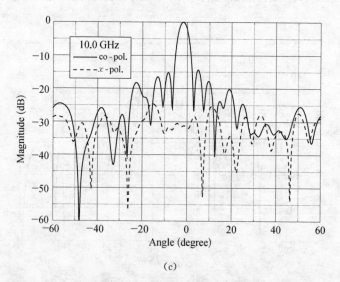

(c)

图 6.26 双极化微带线阵 H 端口激励水平面方向图和交叉极化

6.6 小结

本章主要就当前应用热点-合成孔径雷达宽带双极化微带天线阵作为研究对象,设计了应用于 X 波段的宽带双极化微带天线阵. 为了提高天线阵的极化隔离度和降低交叉极化,分别研究了 2、4、8、16 单元组成阵时,不同馈电方式对天线性能的影响,得出合适的网络布线形式. 设计中采用了反相馈电和对称构形等技术,提高了天线的交叉极化性能和端口隔离度. 生产加工了平面天线阵试验件,验证了设计的可行性. 该天线可以作为一个基本模块,结合 T/R 组件等器件,组成大型有源相控阵天线,具有很高的使用价值.

第七章 宽带双极化波导缝隙天线阵

　　尽管微带天线在合成孔径雷达(SAR)的应用中得到迅速发展,但是波导缝隙天线在高频段仍具有优势.当需要在高频段实现多极化、高分辨率时,要求天线阵具有宽带、双极化、高效率、低交叉极化等性能,为了实现这一要求,微带天线单元需要采取多层贴片结构,天线阵要以并馈方式来激励各个辐射单元来展宽工作带宽,这些措施的采用增加了加工的复杂程度,并增加馈线损耗.另外,还要在微带天线阵的背部附加结构板作为支撑,这也就增加了天线阵的厚度和重量.多层微带天线的材料还要满足恶劣的空间环境.

　　而高频段波导缝隙天线阵体积较小,采用复合材料可以有效降低其重量,并且材料单一,环境适应性强,波导本身结构强度高,就不需要其他结构来支撑.另外,选择合适的波导天线阵形式可以得到极高的极化纯度.从国内外可查资料来看,目前 L 波段的星载 SAR 基本大都采用微带天线形式;对于 S 和 C 波段的天线既有微带的也有波导形式的;对 X 波段,人们对微带形式的天线做了大量研究,但使用的主要还是波导形式的天线阵,例如,德国的 TerraSAR-X 有源相控阵天线,早期公开发表的研究成果主要在微带天线阵方面,但最终还是选择了用波导缝隙天线阵[100,190].

　　本章主要根据目前需要的宽带、双极化、高极化纯度和高效率的SAR 天线要求,设计宽带双极化波导缝隙天线阵.其中,垂直极化采用波导宽边纵缝天线阵,水平极化采用波导窄边开缝天线阵,实现了双极化功能.为了满足宽带要求,天线阵都采用分块子阵由并功分器馈电,提出多种新颖结构来压缩波导横截面,以利于在狭小的空间安排双极化波导缝隙天线阵.波导窄边开缝则采用模片激励的非倾斜缝隙辐射单元,极大地提高了天线的极化纯度,且降低了加工难度,并提出多种压缩高度的技术.

7.1 引言

自从 Watson[191] 和 Stevenson[101] 关于波导缝隙辐射问题和耦合波导缝隙开拓性工作以来,波导辐射缝隙、波导缝隙天线阵在理论和实际应用上都得到了极大地发展. 矩形波导辐射缝隙可以开在波导的宽边和窄边上,图 7.1 给出了几种缝隙结构,对于图中的标准矩形波导,由于缝隙必须切割波导内壁上的电流,从而使波导内的电磁能量耦合到波导外空间,产生辐射. 因此图中的缝隙 1 和缝隙 2 并不能产生辐射,而 3、4 和 5 则有效地对波导内壁电流产生扰动,在外空间产生辐射. 通常,人们根据图中缝隙切割电流的不同,将缝隙用不同的等效电路表示,其中 4 和 5 表示为并联形式,缝隙 3 则为串联形式,当缝隙 3 偏离波导宽边中线时,表示为串并联形式.

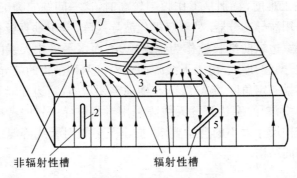

非辐射性槽   辐射性槽

图 7.1   矩形波导壁开缝

对于波导缝隙的理论分析,前人已做了大量工作[101~106,192~197],随着计算机技术的发展,人们开始采用有限元和时域有限差分法[196,197]来分析计算波导缝隙天线,并开发完善了多种商业软件,给工程设计带来了极大的方便. 同样,对于波导缝隙阵的设计研究也有大量文献[107~111~198,199]可查,这其中已将内、外部互耦[109,199]考虑到天线阵设计中,同时有人也对波导线阵中的频率限制作了研究[112,113].

本章的目的是研究设计适用于合成孔径雷达的宽带双极化波导缝隙天线阵,其主要方向是:宽带、双极化、高隔离度和低交叉极化,以及空间载体所要求的重量体积方面的限制.

首先介绍了基于商业电磁场三维仿真软件(HFSS)设计波导天线阵的方法,该方法利用软件计算的开缝波导端口的散射参量以及波导内传播常数,根据传输线原理,推导出孤立缝隙自导纳的计算公式和波导段中开多个缝隙求解考虑互耦情况下的有源导纳值,在此基础上设计波导天线阵.

由于研究的波导缝隙天线阵主要应用于高分辨率多极化合成孔径雷达之中,要求有高的效率和非常稳定的波束指向,因此采用了谐振阵列形式. 为了扩大带宽,将波导线阵划分成多个子阵,子阵由功分器馈电. 考虑到微带功分器损耗较大,降低了波导天线阵的效率,而同轴或带状线功分器需要介质支撑,并且需要相应的阻抗变换段,增加了加工难度,特别是工作频率较高时,这一问题尤为突出,因此设计中采用波导功分器. 对于双极化波导线阵,其中垂直极化天线阵采用波导宽边纵向细长缝作为辐射单元,而水平极化天线阵则采用波导窄边开缝的形式. 由于天线阵面要安排两种极化的波导线阵,同时需要扫描一定角度,波导线阵在横向需要压缩,宽边开缝天线阵采用对称单脊波导,窄边开缝天线阵采用半高波导. 另外,考虑到空中平台对结构尺寸大小的严格要求,提出了多种对天线阵厚度上进行压缩的空间结构.

7.2　波导缝隙天线设计方法

波导缝隙天线的设计步骤通常是根据需要,选择天线尺寸、裂缝形式、天线的口面分布以及馈电方式,在此基础上确定裂缝参数,其中非常重要的一步就是要确定辐射缝隙的导纳值与缝隙几何尺寸之间的关系.

天线阵的设计通常有实验测量[111,200]及理论计算[108]等方法. 前者需要根据经验,选择波导缝隙可能的尺寸,加工大量的不同结构尺寸的开缝波导段进行测试,对于模拟阵中的情况则需要加工许多根同样的开缝波导. 用实验测量的方法确定线阵或面阵中模拟情况下的有源导纳和谐振长度,并拟合缝隙有源导纳和谐振长度与结构尺寸之间的关系曲线,该方法测量系统复杂工作量大,费时且成本高. 后者主要基于 Elliott 给出的一系列设计方法,该方法需要复杂的理论公式推导和细心编程计算,工作量大,适合于小型天线阵的设计. 而杨继松[201]等人发展的方法仍然是建立在 Elliot 理论基础上,模拟求解阵中缝隙的有源导纳值和相应的谐振长度. K. W. Brown[202]给出了利用基于有限元方法的软件提取波导缝隙自导纳的方法,但没有进一步给出有源导纳值的计算方法.

鉴于目前商业软件 HFSS 的普及应用以及计算机容量和速度的极大提高,使完全借助仿真软件设计波导天线阵成为可能. 本文给出了一种根据传输线原理,结合仿真软件得到的散射参数,求解处于终端短路波导中任意位置的辐射缝隙自导纳值的方法. 并且通过计算多个相同缝隙的波导和多根相同缝隙波导的散射参数,以单个缝隙自导纳为初值,利用牛顿迭代法求解线阵中和面阵中的有源导纳值. 该方法可以计算得到考虑线阵中互耦和面阵中互耦情况下的有源导纳值与频率关系曲线,进而得到谐振频率,根据此方法可以求得不同缝隙尺寸的有源导纳值. 由于模拟面阵中多根开缝波导的仿真结果可以同时得到位于面阵中不同位置的开缝波导散射参数,所以,该方法还可以很方便地一次性求得阵中、阵边缘等各种位置的缝隙有源导纳值. 因此,这种方法的使用极大地提高了设计波导天线阵的效率.

7.2.1 波导中孤立缝隙的自导纳计算

如图 7.2 所示的矩形波导宽边开细长偏置缝隙,距离缝隙中心 L_s 处波导短路,输入端口参考点距离缝隙 L_r,其等效电路见图 7.3.

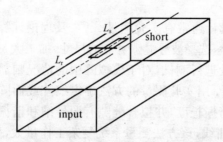

图 7.2　波导宽边开孤立偏置细长缝隙

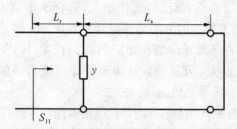

图 7.3　等效电路

由传输线理论,长度为 L_s 的终端短路端接线,其归一化输入导纳为:

$$y_{\text{short}}(f) = -\,\text{jctan}[\beta(f)L_r] \tag{7.1}$$

则位于并联导负载处的归一化输入导纳为:

$$y_{\text{Load}}(f) = y(f) - \text{jctan}[\beta(f)L_r] \tag{7.2}$$

距离负载 L_r 处的反射系数:

$$\Gamma(L_r) = \Gamma_{\text{Load}}\,e^{-\text{j}2\beta L_r} = \frac{1 - y_{\text{load}}(f)}{1 + y_{\text{load}}(f)}\,e^{-\text{j}2\beta L_r} \tag{7.3}$$

结合式(7.2)和式(7.3)得到缝隙的归一化导纳值为:

$$y(f) = \frac{1 - S_{11}(f)\,e^{\text{j}2\beta(f)L_r}}{1 + S_{11}(f)\,e^{\text{j}2\beta(f)L_r}} + \text{jctan}\,\beta(f)L_s \tag{7.4}$$

式中的 $S_{11}(f)$ 即传输线中的 $\Gamma(f)$. 对于一个波导孤立开缝问题,可以很容易通过 HFSS 建模仿真,采用扫频模式求出其反射参数$S_{11}(f)$和传播常数 $\beta(f)$. 再由(7.4)求出缝隙的自导纳值.

7.2.2 波导中辐射缝隙的有源导纳计算

在设计波导天线阵时,只有缝隙自导纳值是远远不够的,阵中辐射缝隙由于受到波导线阵内和线阵间的互耦,其导纳值将偏离自导纳,这就需要求解考虑互耦情况下的导纳,即,有源导纳值. 由于计算机技术的快速发展,我们可以在仿真软件的基础上,方便地得到缝隙的有源导纳值. 对于如图 7.4 所示的波导阵情况,每根开缝波导中,缝隙结构完全相同,等间距分布(此间距和实际设计天线阵中要求的单元间距相同),相同偏置交错地开在波导宽边中心线两边. 当需要考虑线阵间互耦时,可以安排多根完全相同的开缝线阵,其间距满足设计天线阵中需要的线阵间距要求. 设波导开缝之间间距为 l,距离最后一个缝隙 L_s 处短路,输入参考面距离最近一个缝隙距离为 L_r,这样一个开多个缝隙的波导段可以等效为图 7.5 所示的电路.

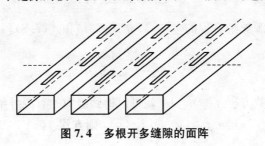

图 7.4 多根开多缝隙的面阵

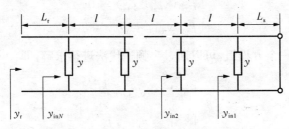

图 7.5 单根开多个纵缝的波导等效电路

根据传输线原理：

$$y_{\text{in1}}(f) = y(f) - \text{jctan}\big[\beta(f)L_{\text{s}}\big] \qquad (7.5)$$

其中 $y(f)$ 是缝隙有源导纳,式中右边后一项是短路面经 L_{s} 变换后的归一化输入导纳. 同样方法可以求得：

$$y_{\text{in2}}(f) = \frac{y_{\text{in1}}(f) + j\tan\big[\beta(f)l\big]}{1 + j\,y_{\text{in1}}(f)\tan\big[\beta(f)l\big]} \qquad (7.6)$$

依次类推,可以求得多个缝隙波导端口的总归一化输入导纳值：

$$y_{\text{r}}(f) = \frac{y_{\text{in}N}(f) + j\tan\big[\beta(f)L_{\text{r}}\big]}{1 + j\,y_{\text{in}N}(f)\tan\big[\beta(f)L_{\text{r}}\big]} \qquad (7.7)$$

对于图 7.5 中终端短路, N 个缝隙的波导段,其输入端口仿真得到的反射系数为 $S_{11}(f)$,它与总的归一化输入导纳关系为：

$$y_{\text{r}}(f) = \frac{1 - S_{11}(f)}{1 + S_{11}(f)} \qquad (7.8)$$

下面介绍有源导纳方程的求解,联立式(7.7)和式(7.8),并且令：

$$f(y) = y_{\text{r}} - \frac{1 - S_{11}}{1 + S_{11}} \qquad (7.9)$$

求解这个复数方程 $f(y) = 0$,就可以得到缝隙的有源导纳值. 令 $y = y_{\text{real}} + jy_{\text{im}}$, $f(y) = f_{\text{real}}(y) + jf_{\text{im}}(y)$,则方程 $f(y) = 0$ 可转化为：

$$\begin{cases} f_{\text{real}}(y_{\text{real}},\ y_{\text{im}}) = 0 \\ f_{\text{im}}(y_{\text{real}},\ y_{\text{im}}) = 0 \end{cases} \qquad (7.10)$$

对于这样一个方程组,可以通过牛顿迭代法进行求解,即：

$$\begin{cases} y_{\text{real}}^{n+1} = y_{\text{real}}^{n} - \dfrac{J_1}{J} \\ y_{\text{im}}^{n+1} = y_{\text{im}}^{n} - \dfrac{J_2}{J} \end{cases} \qquad (7.11)$$

其中，$J_1 = \begin{vmatrix} f_{\text{real}}, & \dfrac{\partial f_{\text{real}}}{\partial y_{\text{im}}} \\ f_{\text{im}}, & \dfrac{\partial f_{\text{im}}}{\partial y_{\text{im}}} \end{vmatrix}$，$J_2 = \begin{vmatrix} \dfrac{\partial f_{\text{real}}}{\partial y_{\text{real}}}, & f_{\text{real}} \\ \dfrac{\partial f_{\text{im}}}{\partial y_{\text{real}}}, & f_{\text{im}} \end{vmatrix}$，$J = \begin{vmatrix} \dfrac{\partial f_{\text{real}}}{\partial y_{\text{real}}}, & \dfrac{\partial f_{\text{real}}}{\partial y_{\text{im}}} \\ \dfrac{\partial f_{\text{im}}}{\partial y_{\text{real}}}, & \dfrac{\partial f_{\text{im}}}{\partial y_{\text{im}}} \end{vmatrix}.$

给出 y_{real} 和 y_{im} 的初值，通过迭代方式就可以求出方程的解，迭代收敛条件可设置为：

$$| f_{\text{real}}(y_{\text{real}}, y_{\text{im}}) | + | f_{\text{im}}(y_{\text{real}}, y_{\text{im}}) | < \varepsilon \qquad (7.12)$$

根据求解要求的精度，选取收敛因子 $\varepsilon = 10^{-8}$. 初值的选取对于迭代收敛速度甚至是否收敛非常重要，计算中选择 7.2.1 中求得的孤立缝隙自导纳作为初值，迭代很快收敛，并得到精确的求解.

7.2.3　计算实例

（1）孤立缝自导纳与多缝有源导纳

根据上面 7.2.1 和 7.2.2 所述的方法，计算一例矩形波导宽边所开辐射缝隙的自导纳和有源导纳值. 其中，波导采用 BJ100 标准矩形波导，宽 22.86 mm、高 10.16 mm，波导壁厚 1 mm，缝隙的尺寸为：$14.44 \times 1.2 \text{ mm}^2$，偏置为：4 mm. 缝隙间距为 19.85 mm，短路面距离最后一个缝隙 9.925 mm.

为了考察不同缝隙数情况下有源导纳的情况，分别计算了波导上开 2~14 个缝隙情况，计算有源导纳的收敛情况. 图 7.6 给出了缝隙自导纳和不同缝隙个数情况下计算的有源导纳值. 计算结果显示，对于孤立缝隙，其电导最大值在 9.95 GHz，而有源电导最大值在 9.99 GHz，偏离了 0.04 GHz，同时也可以看出，虽然随着缝隙数的变化，其有源电导发生变化，但其最大值所对应的频率并没有发生变化，仍然在 9.99 GHz 上. 图 7.7 给出了缝隙数不同情况下，缝隙电导值的收敛情况. 三个缝隙计算的电导值相对于两个缝隙的计算值增加了 1.22%，12 个缝隙相对于 10 个的计算值增加了 0.32%，而 14 个相对于 12 个则为 0.59%. 由这一

关系曲线,根据实际设计的天线阵副瓣要求,确定对辐射单元有
源导纳的精度,从而确定需要仿真缝隙个数来计算考虑互耦情况
下的有源导纳值.

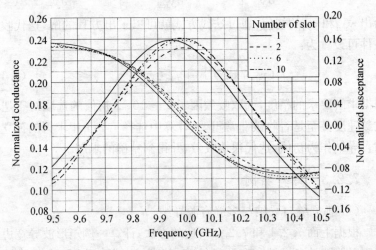

图 7.6　缝隙自导纳和有源导纳值

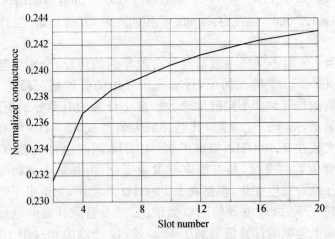

图 7.7　缝隙有源导纳值计算收敛特性

（2）多根开缝波导情况

对于考虑平面阵中，相邻开缝波导之间的缝隙耦合因素，此处计算了多根相同开缝波导情况下计算所得归一化缝隙导纳值. 波导仍采用上面所述的 BJ100 标准矩形波导，多根开缝波导之间紧靠排列，并且共用 1 mm 的波导壁厚. 图 7.8 给出了单根波导和三、五、七根开缝波导情况下，计算所得的有源导纳值，其中每根波导开 6 个相同辐射缝隙，计算的有源导纳是正中间波导开缝的平均值. 图中计算结果显示，单根开缝波导与多根开缝波导情况下计算的导纳值差异明显，其随频率变化相较于有阵间互耦情况下平缓. 多种互耦状况下计算的归一化电导最大值频率基本不变，但大小发生变化，当存在阵间互耦时，电导值增加. 但是当波导数增加到一定量时，其电导值趋于收敛，这是可以理解的，即，波导数增加到一定数量时，由于耦合的减小，边上的开缝波导对中间开缝波导的影响逐渐减弱. 计算的谐振频率（电纳为零）变化较小.

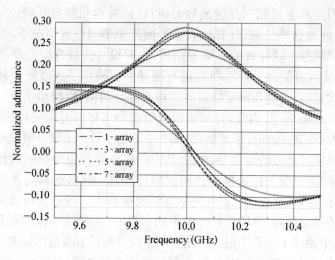

（a）多根相同开缝波导情况下的有源导纳计算值

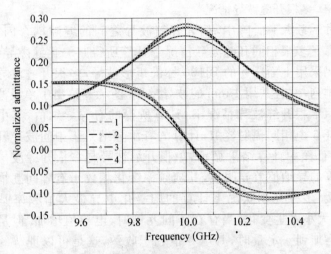

（b）面阵中不同位置情况下的有源导纳计算值

图 7.8　波导缝隙有源导纳计算值

（3）缝隙位于多根开缝波导不同位置情况

当计算多根相同开缝波导时，可以同时得到所有开缝波导的 S
参数，通过这些结果，计算代表了平面阵中不同位置情况下，得到由
于互耦状态不同导致的有源导纳值，这对设计天线阵时是非常有用
的．正中间开缝波导计算所得的有源导纳值模拟了天线阵中辐射单
元的状态，而边缘几根开缝波导所得有源导纳值，则模拟了设计天线
阵边缘缝隙状态．因此，计算多根开缝波导可以同时得到阵中、边缘
等多种状态缝隙的有源导纳值．图 7.9 给出了计算 7 根开缝波导提取
的不同位置缝隙的有源导纳值，其中每根波导开完全相同的辐射缝
隙，开缝波导与上面选择的相同，波导间距也相同（选择与实际需要
的波导线阵间距相同）．这样一组开缝波导在 HFSS 仿真得到反射参
数和传播常数，计算所得的阵中不同位置的有源导纳值，如图 7.9 所
示，其中曲线 1 代表 7 根开缝波导的中间一根反射参数所提取的有源
导纳值，2、3、4 依次是逐渐偏离中心波导的开缝波导计算导纳值．从
图中可以看出，中间和与其相邻的波导开缝计算所得的导纳值基本

相同,说明中间相隔两根开缝波导的线阵互相耦合影响已经较低,对缝隙的导纳值影响可以忽略,靠边倒数第二根的电导值最大,而最边上一根的计算导纳值最小.这一结果与图 7.8 所示的不同根开缝波导互相影响下计算导纳值是相一致的.单根计算电导值最小,三根情况,即两边有一根开缝波导时,计算电导最大,而两边有两根和三根时,其电导值趋于接近.

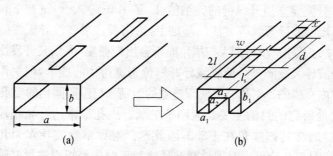

图 7.9 单脊波导天线阵压缩效果图

7.3 宽带单脊波导宽边纵缝天线阵

矩形波导为了使主模传输而不被截止,通常波导宽度要求为 $0.7\lambda_0$.因此.宽边缝隙波导天线在组成平面阵时,由于其波导宽度尺寸的限制,天线阵 E 面扫描范围通常只能达到 $\pm 25°$ 左右,当天线阵大范围扫描角时就会出现栅瓣.对于多模式、多极化 SAR 天线阵,一般需要在距离向扫描 $\pm 20°$,也就是在 $0.7\lambda_0$ 的空间范围内,需要安排两种极化的波导线阵,因此,压缩波导横向尺寸是必须的.考虑高介电常数的填充波导天线阵设计、加工、损耗和非单一材料等不利因素,通过波导加脊来降低波导宽边尺寸是一个行之有效的方法.脊波导主要分为双脊波导和单脊波导两种,其电磁场模式与矩形波导中的模式相似.与相同尺寸矩形波导相比,具有诸多优点:主模的截止波长较长,对相同的工作频率,波导可以做得更小;主模和其他高次模截止波长相隔较远,因此,单模工作频带较宽,可以达到数个倍频程;等效阻抗较低,易于和其他低阻抗线相匹配. 但由于波导腔体内加入了金属脊,相应地降低了其功率容量. 对于脊波导的研究已经非常成熟,计算脊波导主要参数:主模截止波长、单模工作带宽、特性阻抗等都有相关文献可查[203~209]. 早在 60 年代[210],人们就开始采用脊波导开纵缝的方式,来实现波导天线阵宽角扫描. K. Falk[211] 采用矩量法计算了脊波导宽边开纵缝的导纳值,D. Y. Kim 等人[212] 则在 Elliott 设计计算矩形波导天线阵方法的基础上,给出设计单脊波导天线阵的设计步骤. 为了进一步得到大扫描角而不会出现栅瓣,人们又开发出不对称单脊波导天线阵[213],使脊波导开缝位于宽边中心线上,但采用在波导腔体内交错的不对称脊来实现缝隙的激励和缝隙间同相的要求.

此处研究的目的主要是应用于星载合成孔径雷达有源相控阵中的天线,通常其扫描角在 ±200,因此选择对称单脊波导作为开缝辐射波导,图 7.9 给出由对称单脊波导缝隙天线代替矩形波导缝隙天线阵效果.

7.3.1 单脊波导缝隙导纳值提取

图 7.9 中的对称单脊波导宽边开纵向隙缝结构,在双极化天线阵中作为垂直极化天线. 作为设计实例,考虑目前对 SAR 天线带宽的要求,为了得到大的工作带宽,设计的天线阵选择 4 个缝隙组成一个天线子阵. 再由多个这种子阵通过功分器馈电,组成数目较多的天线阵.

缝隙等效为一个并联导纳,鉴于目前商业软件的成熟和广泛应用,根据上一节介绍的方法,利用软件仿真得到的散射参数,计算辐射缝隙的有源导纳值. 图 7.10 给出一例 X 波段对称单脊波导孤立缝的导纳随偏置量计算变化曲线,其他参数选择:$a_1 = 3.1\,mm$,$a_2 = 3.65\,mm$,$a_3 = 7\,mm$,$b_1 = 6\,mm$,$2L = 15.8\,mm$,$w = 2\,mm$,可以看出,缝隙的电导值随着偏值量的增加而增加,同时其电纳值在频带内变化范围增大,这一结果和矩形波导宽边偏置纵缝结果是相一致的. 用上一节方法,同样可以得到线阵中有源导纳值,图 7.11 给出了

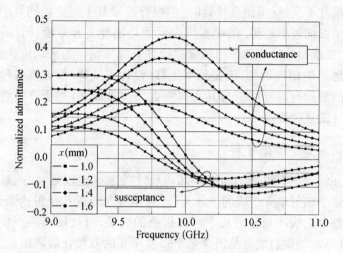

图 7.10 孤立缝隙归一化导纳值

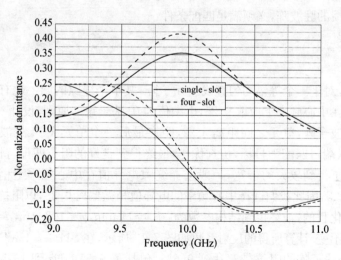

图 7.11 有源导纳值

提取的导纳值随频率变化关系曲线,此时的缝隙偏置 x 为 1.5 mm,
其他尺寸不变. 这里仿真计算时,单根脊波导开了完全相同等距分布
的四个纵向辐射缝隙. 图中实线表示的是波导上开单缝计算的自导
纳值,虚线是波导开四个相同缝隙计算有源导纳值的平均值,结果显
示有源导纳幅度增加,谐振频率上移. 设计天线阵时,计算各种不同
位置的缝隙有源导纳值与其几何参数的关系曲线,利于阵中缝隙几
何尺寸的选择确定.

7.3.2　谐振子阵

在波导中有源导纳与缝隙几何尺寸关系确定以后,在此基础上
设计多个辐射单元组成的子阵天线. 对于有源合成孔径雷达天线,通
常将整个天线阵划分成几个可以折叠的大块,每块则由多个模块组
成,其基本的辐射成分是包含多个辐射单元的双极化线阵组. 根据
公开的国外资料,一个线阵通常由 16 个辐射单元组成,因此,设计考
虑的线阵也取 16 个单元,分成 4 个子阵,由一个功分器馈电. 对于一
个端馈的驻波阵,必须满足匹配条件:

$$\sum_{m=1}^{M} y_m = 1 \qquad (7.13)$$

因此,对于一个等幅均匀直线 4 元子阵,其单个缝隙的归一化有源电
导值在中心频率上应取 0.25,电纳值为 0. 基于这一原则,设计一个 4
元驻波子阵,单元之间距离 $\lambda_g/2$,距离最后一个单元 $\lambda_g/4$ 处波导短
路. 以端口匹配为目标,仿真优化,最终得到良好的阻抗匹配特性,通
常为了得到较大的带宽,一般选择缝隙电导值在中心频率上稍微偏
离 0.25,因此我们选择中心频率的电导值稍微偏离 0.25,以阻抗带宽
为优化目的,最终得到结构参数为:L_s=11 mm,x=1.3 mm,d=22,
其他不变. 计算所得的反射系数如图 7.12 所示,在 $S11 \leqslant -15$ dB 前提
下,天线子阵的阻抗带宽达到 9.5%,包括了 9.55 GHz 到 10.5 GHz
范围.

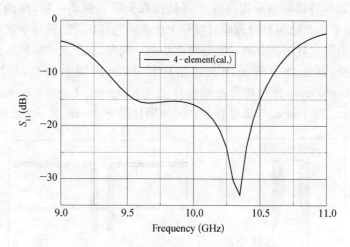

图 7.12   四元谐振子阵端口反射系数

7.3.3   波导功分器

这部分主要设计一种有效的功率分配器,对四个上述的四单元子阵馈电,构成一个宽带 16 单元天线阵.对天线阵子阵馈电的功分器可以采用微带、同轴线、带状线和波导形式.微带功分器损耗较大,降低了波导天线阵的效率;同轴线和带状线功分器需要内导体和介质支撑,并且还需要相应的阻抗变换段,当天线设计在高频段时,尺寸小加工不方便;波导功分器是比较合适的方案,但由于辐射馈电波导是减小了宽度的脊波导,用通常的波导 E-T 馈电,显然其宽度不能满足要求,用波导窄边开缝馈电需要辅助结构才能在脊波导中激励起主模.考虑对称单脊辐射波导的几何结构和波导内的电磁场分布,设计适合的功分器,先后发展了三种形式:模片激励半高波导端口耦合的功分器;加脊凸形脊波导功分器;与辐射对称单脊波导背靠背的对称单脊波导功分器.

（1）半高波导窄边 T 接头式功分器

为了适应图 7.9 所示脊波导的宽度,这种功分器,采用矩形波导

H 面与单脊辐射波导构成的 T 形结构作为第二级功分器,激励两个子阵,基于此结构对对称单脊波导无法激励起 TE_{10} 模,设计中利用一对梯形膜片置于功分器输出端口解决这一问题,如图 7.13 所示,经计算选择,其天线子阵采用上述结构尺寸,半高馈电波导尺寸为: $20\ mm\times 5\ mm$,直角梯形激励膜片上宽 8.9 mm、下宽 13.9 mm、高 2.3 mm、厚 1 mm,与辐射波导之间的耦合缝宽 2 mm,宽 5 mm. 该 T

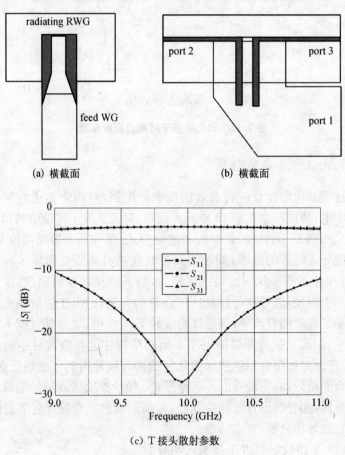

(a) 横截面　　　　　　　　　(b) 横截面

(c) T 接头散射参数

图 7.13　波导 T 结构

接头仿真所得散射参数见图 7.13(c),其总输入端口反射损耗在 9～
11 GHz 范围内,小于－10 dB,两个输出端功分比不平衡度在
±0.15 dB 以内.在设计初期,此种功分器的总输入端口采用的是矩形
波导接口.

图 7.14 是由这种波导功分器馈电的 16 单元均匀直线阵,其输入
端口采用的是波导接口,从图中可以看出,第一阶功分器是简单的波
导 H－T 结构,与两个膜片激励的 T 接头共同构成一个等功分的 1：
4 波导功分器,对四个 4 元谐振子阵馈电.为了便于与 T/R 组件连接
最终需要换为图 7.15 所示的同轴接头.这种功分器由于采用波导窄

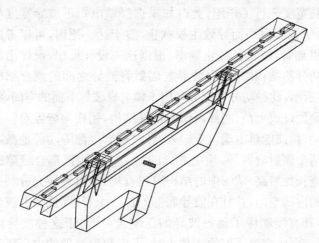

图 7.14 由半高波导窄边 T 接头式功分器馈电的对称单脊波导线阵

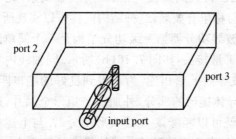

图 7.15 天线阵同轴输入端口与馈电波导构成的 T 接头功分器

边直角弯头对辐射脊波导馈电,其高度尺寸较大,并且由于需要模片激励,因此加工复杂,下面介绍结构较为简单的两种功分器.

(2) 加脊凸形波导功分器

鉴于上面介绍的波导功分器虽然实现了对辐射波导的馈电,但由于馈电波导的宽边没进行压缩,立放于辐射波导之下,因此该天线阵的高度尺寸较大,且需要在第二级功分器接头处外加金属膜片,加工困难.

通过进一步研究,考虑直接采用宽度与辐射波导相同的矩形波导宽边对图 7.9(b)中的单脊辐射波导馈电,由于辐射波导采用加脊方式对其宽度进行了压缩,此时如果选择馈电矩形波导宽度与其相同,则由于宽度过小而导致主模截止,鉴于这一原因,可以考虑将馈电波导也加脊,降低其截止频率. 根据这一设计思想,设计出加脊凸形波导功分器结构. 其馈电波导与辐射脊波导之间的耦合结构如图7.16(a)所示,此种功分器充分利用了辐射脊波导下面的空间,将功分器脊波导设计成上凸、底部内凹的特殊结构,用横向缝隙对辐射馈电波导激励,微波能量由端口 1 输入,经过耦合缝隙等功分地激励上面对分的两个辐射脊波导,馈电波导的另一个端距离耦合缝隙二分之一波导波长处短路. 从图中的结构可以看出,馈电波导充分利用了辐射波导的内凹空间,并且在波导底部外加一个脊,降低馈电波导的截止频率,其宽度顺应了辐射波导的压缩尺寸. 对于这种波导耦合结构,如果需要将宽度压缩的非常小时,上面辐射波导的内金属脊宽度有限,这时就无需将其内部镂空,做成一块金属条,此时下面的馈电波导就转变成对称单脊波导,这种结构同样可以实现所需功能.

加脊凸形波导功分器第一级功分结构是一个简单的同轴线与加脊凸形波导的 T 形接头,如图 7.16(b)所示. 同轴线内导体直接伸入脊波导内,与波导内上壁相连,为了得到良好的端口匹配状态,波导上壁与同轴内导体接触的部分,外加一个矩形金属片,通过调节金属片的长和厚度就可以匹配该 T 接头形功分器. 与上述的半高波导窄边功分器相比,加脊凸形波导功分器的优点是显然的.

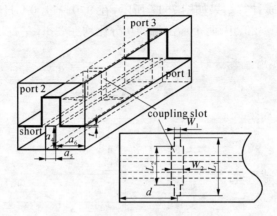

（a）加脊凸形波导功分器中的耦合结构

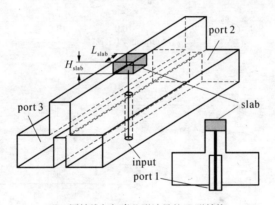

（b）同轴线与加脊凸形波导的 T 形结构

图 7.16

图 7.17 中给出了同轴接头与脊波导 T 接头、馈电脊波导与辐射脊波导之间的耦合结构和整个功分器散射参数仿真结果. 对于简单的 T 接头,通过软件计算,调节同轴图 7.16(b)中的匹配块的宽度和厚度,很容易实现端口匹配. 最终得到优化了的结构参数,$L_1 = 13$ mm,$W_1 = 1.2$ mm,$L_2 = 4$ mm,$W_2 = 2.2$ mm,$d = 21$ mm,$a_4 = 4$ mm,$a_5 = 7$ mm,$a_6 = 3.1$ mm,$H_{slab} = 2.1$ mm,$L_{slab} = $

11 mm. 仿真计算结果如图 7.17 所示,在 9.0～11.0 GHz 范围内反射损耗小于 −20 dB,两个输出端的功分比均在 3 dB 左右,相差微小.

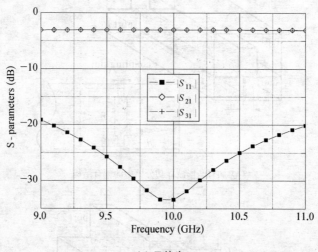

(a) T 接头

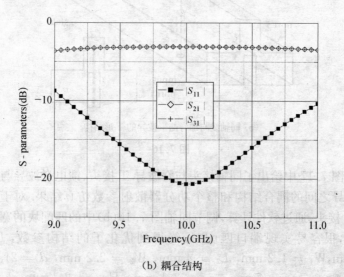

(b) 耦合结构

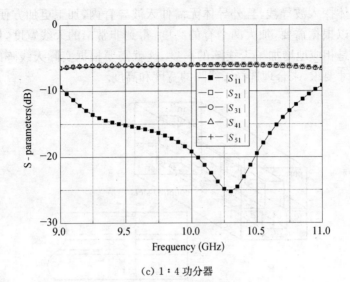

(c) 1∶4 功分器

图 7.17 功分器散射参数

而两个脊波导之间的耦合结构,则只能在 $9.5\sim10.5$ GHz 范围内实现 -15 dB 的反射损耗,但两个端口的功分比差距微小. 图7.17(c) 中给出了整个 1∶4 功分器的计算结果,在 $9.5\sim10.7$ GHz 范围内,输入端口反射损耗小于 -15 dB. 四个输出端口功分比为 -6 dB,端口之间的差距非常小.

(3) 背靠背脊波导功分器

基于(2)中的设计思想,显然,将馈电波导中的脊加在其底部也可以实现馈电波导宽度的压缩,并且降低截止频率的作用. 从这种思想出发,又发展出另一种脊波导馈电结构,在此结构中,馈电与辐射波导都是对称单脊波导,背靠背安排,如图 7.18(a)所示. 两个脊波导之间通过横向纵缝进行能量耦合,与(2)中的耦合结构相似,馈电波导的一端距离耦合缝隙二分之一波导波长处短路. 该功分器的第一级同样是同轴线与脊波导 T 形结构,如图 7.18(b)所示. 图中的金属片合理设计提供了良好端口匹配. 这种功分器与第二种相比,其同轴内导体探入波导浅,且外导体无需伸入波导脊内,加工更加方便.另外可以根据需要,加大两个脊的高度,得到非常窄的天线宽度,但其代价是相应地增加了天线阵的高度.这就需要根据实际天线阵的结构尺寸要求,来合理选择天线阵的宽度和高度.

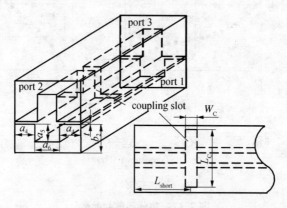

（a）背靠背脊波导缝隙耦合结构

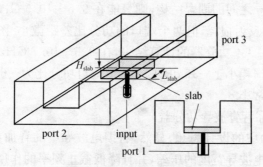

（b）同轴线与脊波导的 T 形结构

图 7.18　功分器主要结构

此处仿真计算尺寸与上述加脊凸形波导功分器尺寸相同,只是将下面脊波导改为与辐射波导背靠背排放,如图 7.18 所示,并且"＋"形缝改为"｜"缝,宽为 2 mm. T 形结构中匹配块长 7 mm,高 0.6 mm,其宽度与波导脊相同,仿真结果在图 7.19 中给出,单个耦合结构的

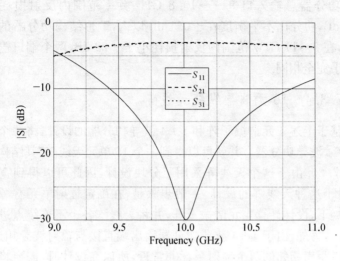

（a）脊波导间耦合结构

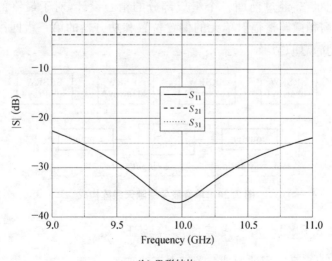

（b）T形结构

图 7.19   计算散射参数

1∶2功分器总输入口 9.4～10.8 GHz 频率范围内反射损耗小于
—10 dB,功分比不平衡度在±0.1 dB 以内,T 形结构功分器的性能
更优,在 9～11 GHz 范围内反射损耗小于—22 dB,两个端口输出功
率几乎完全相同.

7.3.4　16 元波导纵缝天线阵

基于上述 4 元谐振子阵和 1∶4 波导功分器的设计,将 4 个子阵
与 1∶4 波导功分器合并就可以得到一个 16 单元天线阵,其结构框图
见图 7.20. 由于这个天线阵采用了分块设计,因此可以得到宽带特
性. 对于这种天线阵的设计,一般步骤是,在确定辐射单元有源导纳
的前提下,设计计算 4 元谐振子阵,并将天线阵各个不连续点进行单
独设计,另外,由于 1∶4 波导功分器输出端直接与辐射波导相连,并
且接口距离相邻的两个辐射单元非常近,所以在设计时,需要将此处
的 1∶2 功分器与两个 4 元谐振子阵相联进行优化设计,调节接头处
的匹配状态. 经过前面各个组成部分的精心设计,对于最终的天线
阵,只需稍微调整辐射单元的偏置位置和功分器的第一级匹配就可
以得到满意的结果.

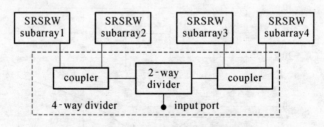

图 7.20　单脊波导缝隙天线阵构成

7.3.5　16 元天线阵的实验验证

(1) 半高矩形波导功分器馈电天线阵

根据上述设计的 16 元均匀波导天线阵,先后加工了三种天线阵
并进行测试. 图 7.21(a)给出了上述第一种由半高矩形波导功分器馈

电的对称单脊波导天线阵,总输入端口是矩形波导,根据需要也可以换成同轴接口,天线的横截面尺寸为:宽 15 mm、高 32 mm,不包括矩形波导接口的高度. 对于单根天线阵的设计和测试时都已考虑了在双极化平面阵中的情况,设计时采用金属面模拟阵中结构,而对于单

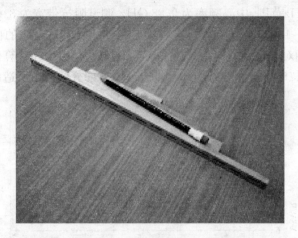

(a) 试验件

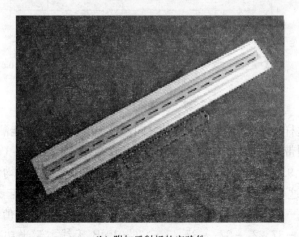

(b) 附加反射板的实验件

图7.21 半高波导功分器馈电的对称单脊波导天线阵照片

根天线的测试则采用附加一个金属模拟反射板,如图 7.21(b)所示,
其中凸起的代表阵中波导窄边开缝天线阵.

图 7.22 给出了这个天线的输入端口电压驻波比的仿真结果和测
量值,其中计算阻抗带宽为 9.3%,VSWR≤2.0,包括了 9.42～
10.34 GHz 范围,中心频率为 9.88 GHz.测试阻抗带宽为 8.6%,包括
了 9.55～10.41 GHz 范围,中心频率为 9.98 GHz,天线的中心频率
试验值相对于计算值向高频偏了 0.1 GHz,这是由于在计算仿真建模
过程中,忽略了波导内部腔体和耦合缝隙等部分的圆角所造成.

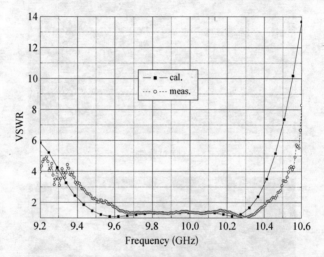

图 7.22   天线阵的端口驻波

对这样一个天线阵进行辐射方向图及其交叉极化性能测试,考察
其方向图带宽和波导谐振天线阵的辐射效率. 图 7.23(a)～(e)分别给
出了 9.6、9.8、10.0、10.2、10.4 GHz 的测试结果. 对于这个均匀波导天
线阵,在这五个频率点上测试所得的最大副瓣分别为:—12.18、
—13.81、—13.13、—13.17、—10.7 dB,交叉极化最大值分别为:
—39.54、—37.22、—37、—37.45、—36.01 dB,天线主瓣半功率宽度分
别为:4.0°、3.95°、3.85°、3.80°、3.66°. 从测试结果上可以看出,在

9.9 GHz 和 10.4 GHz 上,其第二副瓣高于第一副瓣. 这是由于随着频率偏离驻波阵谐振频率量的增加,天线阵的口径幅度和相位变化增加所造成.

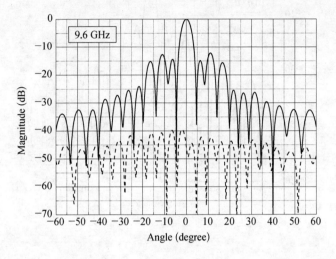

(a)

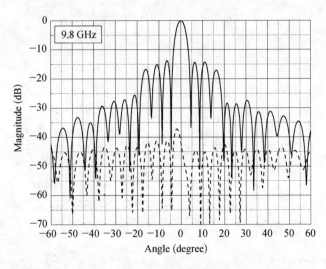

(b)

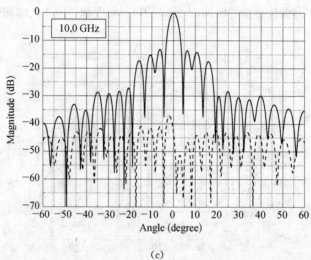

（c）

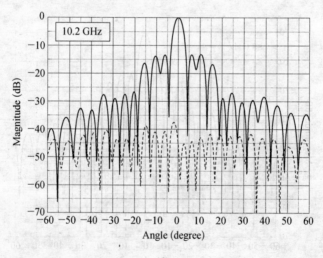

（d）

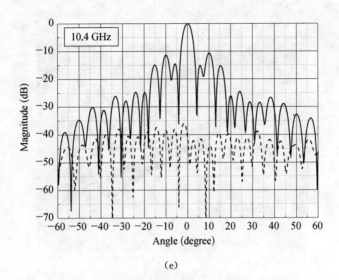

（e）

图 7.23 天线 H 面归一化辐射方向图及交叉极化

（2）加脊脊波导馈电天线阵

上面设计已提到半高波导功分器馈电的脊波导天线阵的缺陷，为了减小天线阵的高度和降低天线阵的加工难度，进而发展出新的馈电方式，经过对四元谐振阵、功分器单独精心设计，进而组成 16 元波导天线阵，其中：$a = 13.2$ mm，$a_1 = 7$ mm，$b_1 = 3.65$ mm，$b = 6$ mm，$a_4 = 4$ mm，$a_5 = 5$ mm，$a_6 = 3.1$ mm，$d = 22.2$ mm，$t = 1$ mm；辐射缝隙 15.8 mm×2 mm，偏置距离 1.4 mm，单元间距 22 mm，最后一个辐射缝隙距离短路面 11 mm；两个脊波导之间的耦合缝隙为：$L_1 = 13$ mm，$W_1 = 1.2$ mm，$L_2 = 4$ mm，$W_2 = 2.2$ mm，距离短路面 21 mm. 图 7.24（a）给出加工天线的相片，图 7.24（b）中将天线阵的宽度和高度与 BJ100 标准矩形（24.86 mm×12.16 mm）相比较，可以看出天线宽度和高度的压缩效果. 该天线宽 15 mm，高 8 mm，其中波导壁厚 1 mm. 图 7.25 则给出了该天线上节的半高矩形波导功分器馈电天线试验件的比较，天线在高度上压缩了 24 mm.

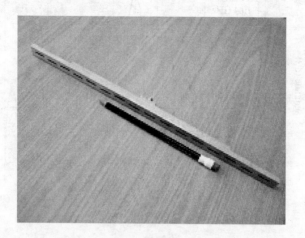

（a）天线相片

（b）天线与 BJ100 标准矩形波导的对比

图 7.24　加脊脊波导天线阵

图 7.25　由(1)和(2)两种功分器馈电的天线比较

　　从图 7.26 所示的该天线阵电压驻波比性能曲线来看,天线的阻抗匹配带宽非常宽,天线的驻波比小于 1.5 的带宽计算值达到 15%,包括了从 9.23~10.73 GHz 的频率范围,测试带宽为 13.78%,涵盖了从 9.46~10.86 GHz 的范围,频带稍微向上偏了约 0.18 GHz,这是由于设计计算时未考虑波导腔体和耦合缝隙圆角所造成.

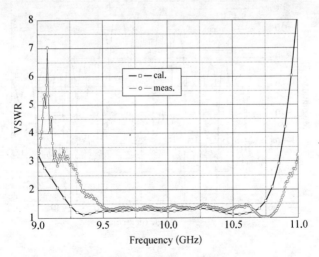

图 7.26　天线阵的电压驻波比

　　对于这样一个宽带波导天线,虽然其阻抗带宽达到了1.5 GHz的绝对宽度,但是我们需要考察另一个带宽重要指标(辐射方向图带宽.文献[113]中给出了并联缝隙阵频率限制的详细分析,当工作在谐振频率附近时,所有裂缝的缝电压幅度几乎一样,并且变化平缓,所有裂缝的口径相位分布也是保持相对平缓变化,且几乎是同相分布.而当频率超过一定范围时,裂缝上的缝电压和相位发生急剧变化,从而导致辐射方向图的迅速恶化.图7.27 给出了本天线在 9.4、9.6、9.7、10.2、10.6、10.7、10.9 GHz上各点的辐射方向图及其交叉极化.在中心频率附近的10.2 GHz处,方向图对称,且有均匀口径分布天线的特性,最大幅瓣电平为−12.7 dB,交叉极化低于−40 dB.随着频率降低或增加,方向图的第二幅瓣增加,在 9.6 GHz 和 10.6 GHz 上接近−10 dB,继续偏离中心频率则天线方向图恶化加剧,在 9.4 GHz 和10.5 GHz 上,天线方向图已分裂成 3 个主瓣.比较图 7.27(b)与(c)以及图中的(e)和(f),可以当频率偏离中心一定距离时,其幅

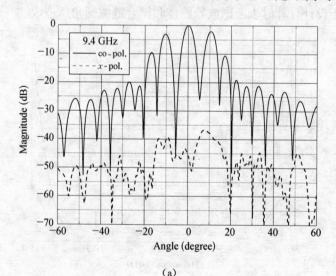

(a)

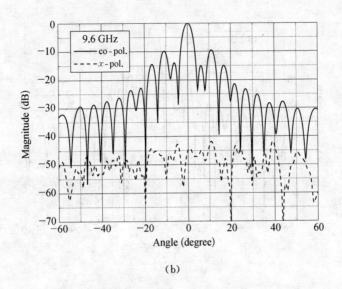

（b）

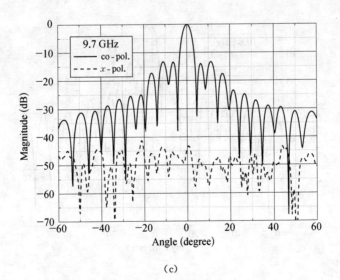

（c）

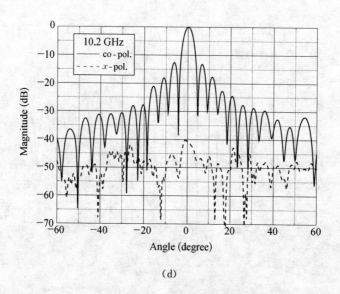

（d）

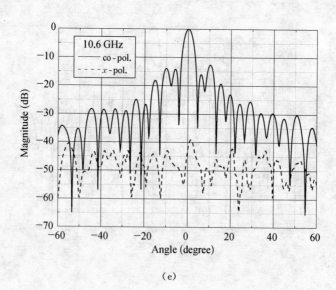

（e）

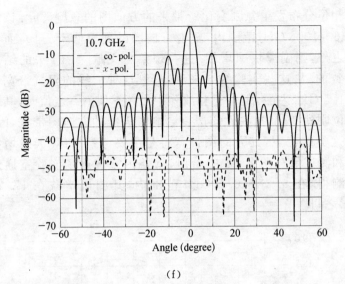

(f)

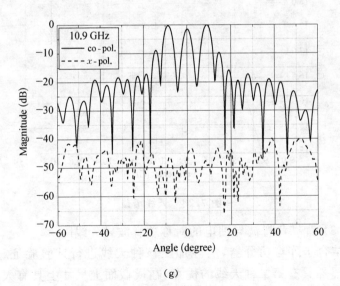

(g)

图 7.27　天线辐射方向图及交叉极化

度和相位分布发生急剧变化所带来的方向图的急剧恶化. 该天线在 $9.6\sim10.6\,\mathrm{GHz}$ 范围内,辐射方向图的副瓣低于 -10,而在此范围之外,则副瓣快速增加. 这一现象与文献[113]中的结果是相一致的. 从这些实验结果来看,尽管这种天线的阻抗带宽可以达到 $1.5\,\mathrm{GHz}$ 左右,但由于驻波阵中当频率偏离一定值时,其幅度和相位剧烈变化,这一性质严重影响了天线的方向图带宽,因此,对于这类的带宽,其方向图带宽将是主要考察指标. 天线增益的计算和测试值在图 7.28 中给出,增益由室内远场实验室通过比较法测得. 在 $9.6\sim10.6\,\mathrm{GHz}$ 范围内,其测量增益在 $17.25\sim18\,\mathrm{dB}$ 之间.

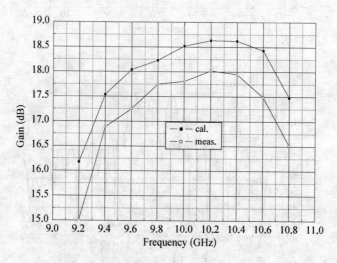

图 7.28　天线增益

（3）背靠背脊波导馈电的对称单脊波导天线阵

结合子阵与功分器,实际加工该种天线进行试验验证. 这种天线显然具有第二种天线的优点,在横截面上尺寸上具有大的压缩自由度,同时,由于同轴探针深入波导较浅,所以更易于加工. 图 7.29 是背靠背脊波导馈电脊波导天线试验件,辐射脊波导尺寸为：$a_1 = 4\ \text{mm}$，$b_1 = 4.2\ \text{mm}$，$b = 5.5\ \text{mm}$，馈电脊波导选择与辐射波导尺寸完全相同，辐射缝隙为 15.6 mm×1.6 mm，偏离中心线 1.3 mm，辐射单元间距为 19.4 mm，最后一个缝隙与短路面间距 9.7 mm，两个脊波导之间的耦合缝隙为 12 mm×1.3 mm，短路面距离耦合缝隙中心 20.8 mm，所取波导壁厚 1 mm. 输出端口为同轴连接器，同轴线与馈电脊波导的匹配金属块高 0.3 mm，长 13 mm.

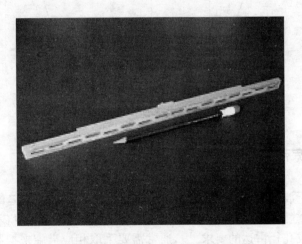

图 7.29　背靠背脊波导馈电脊波导天线

图 7.30 给出了该天线的端口匹配特性，仿真结果在 9.49～10.63 GHz范围内天线反射损耗小于−15 dB，相对带宽为 11.3%. 测试带宽为10.8%，包括了 9.6～10.7 GHz 频率范围. 测试频带相对于仿真值上移了 100 MHz 左右，这是由于在计算中忽略了波导和耦合缝隙的圆角所造成. 不包括同轴接头的高度，实验天线外形截面尺寸为 14 mm×14 mm.

该天线的辐射方向图与上面脊波导天线阵的测试结果非常相似，限于篇幅，此处不再给出. 其副瓣低于−10 dB 的方向图带宽约1.0 GHz范围，交叉极化低于−40 dB.

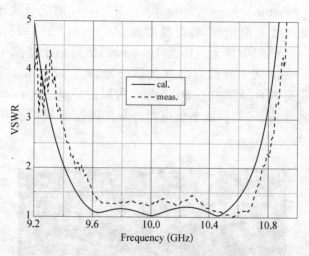

图 7.30　天线的端口驻波曲线

7.4　宽带波导窄边直缝天线阵[①]

对于波导窄边缝隙天线阵,通常采用图 7.1 中倾斜缝的辐射形式. 但是缝隙倾斜带来电平较高的交叉极化辐射波束,这将不能满足现代合成孔径雷达的要求[214],通常需要采取相应措施来抑制交叉分量.[215]对此作过分析,钟顺时[111]则通过简单的推导给出了交叉极化波束的简单估算公式,并讨论了设计中抑制的方法. 比较简单的方法是线阵之间裂缝倾角交替放置来抑制交叉极化[117]. 但当天线扫描角较大时,交叉极化瓣仍在实空间出现,这就需要多种方法结合来克服这一缺陷.

Ajioka[128]首先提出了通过波导腔内成对倾斜金属导线激励的窄边非倾斜缝辐射单元形式,由于辐射电磁波的电场分量垂直于辐射细缝,而此种辐射缝隙完全垂直于波导的轴线,排除了单元在垂直于

---

① 此节设计天线为合作单位具体使用,故主要参数隐去。

波导纵向的电场分量,因此辐射电磁波只包含波导轴向分量,从而得到优越的交叉极化特性.所以用非倾斜缝隙作为辐射单元组成的天线将得到非常高的交叉极化抑制性能. S. Hashemi-Yeganeh[129]等人在理论和实验上做了进一步工作,而 Hirokawa[217]则对具有真实外部结构的情况进行了分析.文献[130]中采用介质板上两个金属膜片来激励非倾斜缝的方法.前一种方法中,由于激励金属线在一定的角度下跨接于波导窄边和宽边之间,加工较困难.后一种方法则存在介质片与波导之间装配和可靠性问题.

我们先后设计研究了宽带倾斜缝隙天线阵和金属棒激励波导窄边非倾斜缝天线阵,并提出一种非倾斜缝的新型激励方式,将一对切角矩形金属膜片置于缝隙两边,膜片紧贴在波导的宽边和窄边上,此种结构有利于金属或复合材料天线阵的制作.为了压缩波导天线的高度,还提出了多种辐射波导和功分器馈电波导几何结构构形,实现了天线在横向面上两维尺寸的压缩.基于有限元法可以处理任意形状的三维立体结构的电磁问题,采用此方法对缝隙和天线阵进行了分析设计,并通过实验验证了设计的可行性.

7.4.1 波导窄边直缝(非倾斜辐射缝)

对于波导窄边开缝天线,为了在辐射空间得到有效激励,必须采用倾斜开槽方式,如图 7.1 所示,图中窄边波导内壁上的电流平行流过窄边,细长缝 2 未能切割电流,因此不能在波导外激励起电磁波.只有倾斜的缝隙 5 割断了电流,在其腔体内激励起电磁波,进而在外空间产生辐射.从几何美的角度来观察,倾斜开缝破坏了波导的对称性,降低了外部对称美.从电磁场的角度,倾斜槽虽然切割了窄边电流,在波导外产生了辐射,但也引入了不需要的 y 向电场分量,降低了天线的交叉极化性能.

考察波导窄边开槽倾斜的目的,无非是由于矩形波导中的电磁场对称分布,电流平行流过波导窄边,只存在 y 分量,非倾斜细缝隙无法切割电流达到空间辐射效果. 基于这一原因, 考虑在窄边开非倾斜缝, 以期维持天线外部的几何对称性. 而为了实现对缝隙的有效激励, 只需在波导内部附加其他结构, 破坏波导内对称的电磁场分布, 改变电流在波导窄边的流向, 使非倾斜缝能够有效切割波导窄边上的电流, 在外部产生辐射. 产生这种扰动方法有多种, 文献[129]和[130]中分别给出采用倾斜金属棒和两边附着条带形金属膜介质片的方法, 我们先后采用这两种激励方法设计了波导天线阵. 但是这两种方法都存在加工难度, 倾斜棒激励的波导天线, 由于金属棒跨接于波导宽边和窄边之间, 如图 7.31(a)所示, 加工时需要在波导壁上倾斜打安装孔, 然后将激励棒焊接在波导壁上, 而应用于 X 波段的天线, 特别是双极化波导阵, 天线阵结构要求非常紧凑, 波导壁较薄, 因此, 这种结构的打孔、定位和焊接都非常困难. 尤其是当天线需要采用碳纤维复合材料加工时, 还要考虑金属棒与波导的热胀系数等问题, 天线的加工无疑是非常困难的. 同样, 采用两边附着条带形金属膜介质片激励, 见图 7.31(b), 也存在加工难度, 激励介质片需要精确定 位于开缝中用粘胶固定, 整个天线中具有数量巨大的辐射结构, 固定一致性和可靠性问题将变得突出. 为了克服以上所述问题, 我们提出采用紧贴于波导壁的切角金属膜片的激励方法, 如图 7.31(c)所示, 此种结构, 不管是金属材料还是复合材料加工, 都可以将激励结构与开缝波导整体加工.

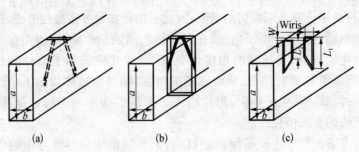

图 7.31 波导窄边非倾斜辐射缝

结构如图 7.31 所示的窄边辐射缝隙可以用图 7.3 所示的电路等效,在距离辐射缝隙 L_s 处短路,参考端口距离缝隙 L_r. 基于软件 HFSS 计算所得散射参数求解辐射缝隙导纳方法有多种[202,218]. 缝隙的导纳可以由 7.2 节中所述方法确定. 图 7.32 中的辐射单元自导纳值和有源导纳计算值,可以看出,由于膜片的加入,辐射单元之间的互耦严重,因此得到的自导纳值和有源导纳差异非常大.

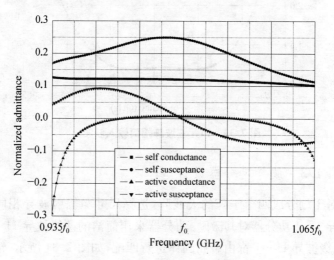

图 7.32　辐射单元归一化导纳

7.4.2　天线子阵设计

确定了辐射缝隙有源导纳值,可以根据天线辐射方向图的副瓣要求,选择不同的天线阵口径幅相分部,得到各个辐射单元所需的导纳值,此处设计等幅均匀分布的直线天线阵,以 4 个单元一组的谐振阵作为一个子阵,图 7.31 给出基于上一节所述的单元构成的 4 元谐振子阵的端口输入驻波比仿真结果,天线结构尺寸为:$L_1 = 0.16\lambda_0$,$L_2 = 0.32\lambda_0$,$\mathrm{Wiris} = 0.0608\lambda_0$,$h = 0.1651\lambda_0$,$D = W = 0.064\lambda_0$. 子阵输入端口电压驻波比小于 1.5 时,其阻抗带宽为 7.5%.

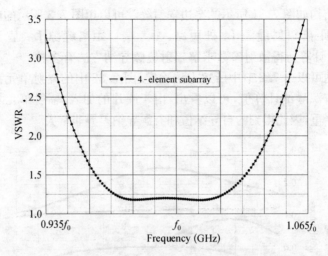

图 7.33　四元驻波阵端口输入驻波比

7.4.3　波导功分器设计

对于划分成四个子阵的天线阵,选择尺寸与辐射波导相同的半高波导 1∶4 功分器对其激励.功分器采用简洁的两级波导 H－T 构成,两级波导 H－T 都由金属圆棒进行匹配,如图 7.34 所示,辐射缝隙开在图中最上面一根波导上侧窄边.其中,第一级 T 接头的输出端与两个第二级 T 接头的输入端通过一个 90°波导弯头连接.设计过程中,通过调节匹配棒距离波导窄边的相对位置、90°波导弯头的切角和长度来优化这些单个波导接头,在此基础上组合成 1∶4 波导功分器.

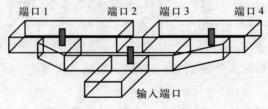

图 7.34　1∶4 波导功分器

图6.35中给出这种波导功分器输入端口电压驻波比计算值,在整个频带内小于1.12,说明这种功分器可以匹配非常好.

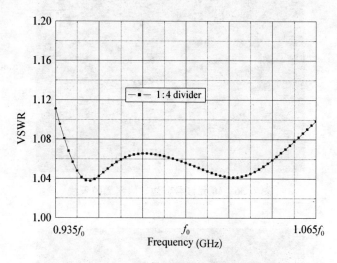

图7.35 1∶4波导功分器输入端口驻波比

7.4.4 16元波导直缝线阵

在上述各个部分独立设计仿真的基础上,我们设计了一个16单元的均匀分布波导窄边直缝线阵.与第4节脊波导天线设计步骤相同,基于各个不连续部分的精心设计,并将1∶4波导功分器末节与两个4元谐振子阵也进行单独设计,即对于8单元阵的设计.最终将第一级功分器与两个8元阵相联,组成16元阵.试验天线阵如图7.36所示.为了简化加工,此处天线的输入端口仍采用波导形式.

为了说明波导窄边非倾斜缝隙天线阵优越的交叉极化抑制性能,此处给出一个传统波导窄边倾斜缝隙天线阵,天线同样工作在X波段,16个相同均匀分布的倾斜辐射缝隙,天线同样划分成4个谐振子阵形式,由一个相同的波导功分器馈电,两个波导天线的比较效果图片如图7.37所示,倾斜缝隙的倾角约为15°,输入端口为矩形波导.

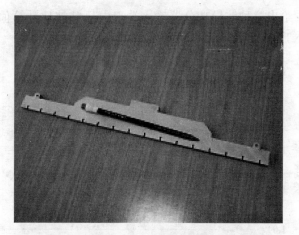

图 7.36　16 元波导窄边非倾斜缝隙天线

图 7.37　两种不同辐射缝隙的波导天线阵

　　该天线的尺寸：$a = 20$ mm，$b = 5$ mm，$L_1 = 0.16\lambda_0$，$L_2 = 0.32\lambda_0$，Wiris $= 0.051\,2\lambda_0$，$h = 0.165\,1\lambda_0$，$D = W = 0.064\lambda_0$. 图 7.38 中给出了天线阵的输入端口电压驻波比仿真和实验结果，在电压驻波比小于 1.5 的前提下，阻抗带宽仿真值为 6.1%，测试带宽达

到7.2%,优于计算值,两者吻合较好.

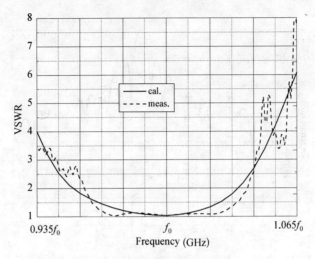

图 7.38　天线的端口输入驻波比

图 7.39 给出了在 $f_0 - 0.04f_0$ 至 $f_0 + 0.04f_0$ 频率范围内均匀抽取五个频率点,该天线的辐射方向图及其交叉极化测量值,天线的最

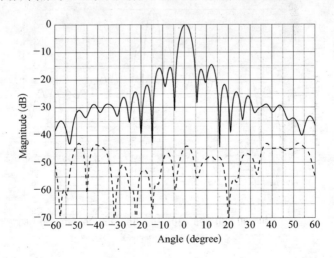

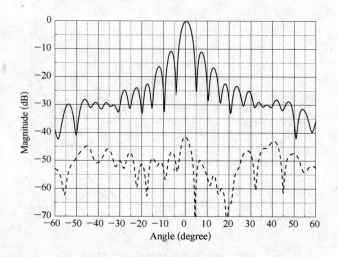

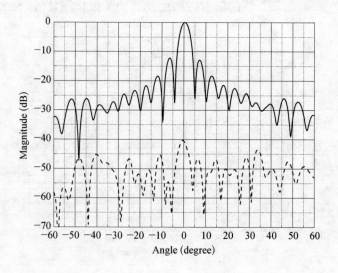

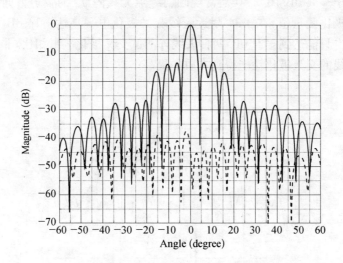

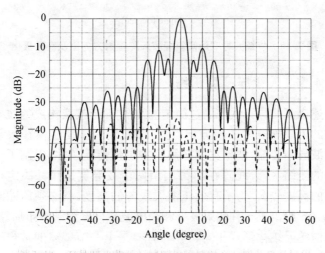

图 7.39 波导窄边非倾斜缝隙天阵辐射方向图及交叉极化

大副瓣均低于－11 dB,在低频端交叉极化低于－40 dB,而在高频端在优于－36 dB. 图 6.40 是常规倾斜缝隙天线阵 f_0 的辐射方向图及交叉极化测量值,在±34°附近天线交叉极化电平高达－14 dB,其他范围也只能达到－21 dB. 两种天线阵测试交叉极化电平相比,非倾斜缝天线的交叉极化性能得到本质的提高.

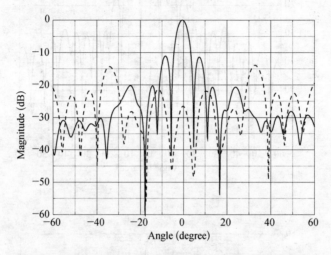

图 7.40　传统波导窄边倾斜缝隙天阵辐射方向图及交叉极化

7.4.5　天线阵高度压缩

上述半高波导天线阵通过简单的波导 T 形接头构成的波导功分器馈电的天线阵虽然在 y 方向得到压缩,但为了使主模在辐射和馈电两种波导中传输,波导宽度必须满足主模传输条件,限制了天线阵高度上的压缩量. 天线阵在 x 方向由两个波导宽边尺寸决定,因而,天线阵的高度较大. 为了有效压缩天线阵的高度,就必须压缩波导宽边. 图 7.41 给出了 6 种辐射波导和馈电波导横截面结构布局,所有的缝隙辐射单元结构形式相同,其中图(a)是上一节叙述的常规波导构成的天线阵. 图(b)、(c)中将馈电波导分别加对称双脊和单脊来压缩天线阵的高度. 图(d)、(e)中将辐射波导也加上对称单脊,进一步压缩了天线的高度. 必须指出,图(c)、(e)、(f)中的单脊结构,由于同轴接头与波导的连接可以直接通过其内导体插入馈电波导内单脊预加工的孔中,因此更易于实现. 图(f)中的结构具有独特性,辐射波导和馈电波导都采用不对称单脊形式,两个波导在空间上互补,总输入口的同轴连接器内导体直接与其内部脊相联,实现对馈电波导的激励,对于天线阵高度具有更大的压缩量.

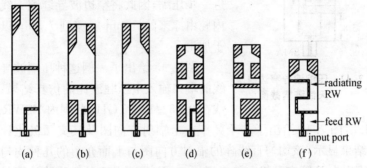

图 7.41 多种宽带波导窄边缝隙天线阵横截面示意图

这种天线设计步骤与第一节中矩形波导窄边开缝天线阵相同. 首先,根据天线阵横截面尺寸空间限制,确定辐射和馈电不对称单脊波导尺寸. 在此基础上,分析计算不对称单脊波导窄边上辐射缝隙的几何尺寸与导纳之间的关系曲线,根据设计中导纳值的需要,选取合适的结构尺寸. 由于天线阵划分成多个子阵形式,因此可以对子阵先单独设计. 由于组阵时,辐射单元之间存在互相耦合影响,在组成天线阵以后需要对单元的尺寸作适当调节. 本文设计 16 单元均匀直线阵,子阵单元数为 4,先由软件优化设计这种辐射缝隙组成四元谐振阵. 天线阵的总输入口为同轴连接器,其与馈电不对称单脊波导之间的 T 形接头构成第一级等功分器. 对于辐射和馈电不对称单脊波导之间能量耦合,采用两者公共壁上的横向缝隙耦合实现. 耦合结构和 T 形接头构成一个 1:4 等功分器,各个部分通过软件独立仿真优化. 最后将 4 个子阵和 1:4 等功分器连接起来,进一步优化仿真就可以

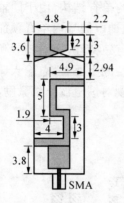

**图 7.42　压缩波导窄边缝隙
天线阵横截面**

得到满意的天线阵结果. 图 7.42 给出天线横截面波导天线基本结构尺寸,设计得到的天线阵横截面尺寸为:21×9 mm^2,单层波导壁厚度为 1 mm. 与上一节矩形波导天线阵相比,天线阵高度压缩了一半. 此处考虑到单脊波导天线阵宽度可以进一步压缩,因此将窄边波导缝隙天线的内腔由原来的 5 mm 展宽到 7 mm,以利于加工.

图 7.43 给出了一例这种压缩波导天线的端口输入电压驻波比的仿真结果,天线在 9.45~10.25 GHz 范围内 VSWR 小于 1.5,图 7.44 给出了多个频率点上辐射方向图及其交叉极化计算值,结果显示,该均匀直线阵的辐射方向图与上面介绍的几种均匀直线阵相同,计算交叉极化值由于 -47 dB. 根据前面的天线阵计算与测试结果比较吻合的情况来看,该天线性能应与前一节所述相当.

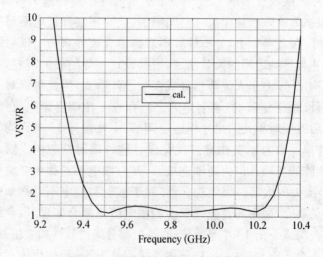

图 7.43　天线输入端口匹配仿真结果

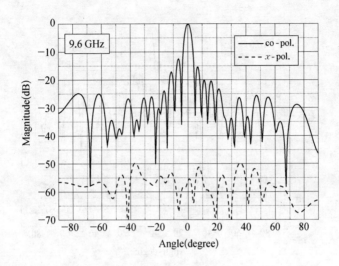

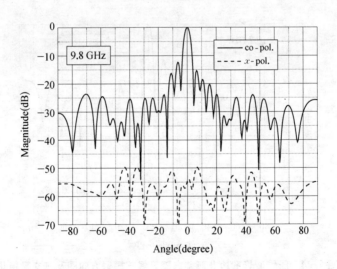

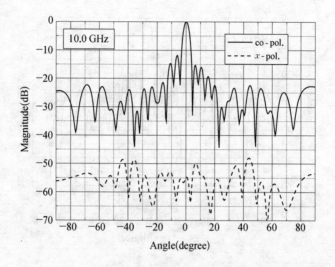

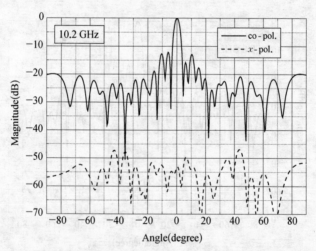

图 7.44　压缩波导窄边非倾斜缝隙天线阵辐射方向图及其交叉极化

7.5 宽带双极化波导缝隙面阵

7.5.1 双极化波导天线阵结构

在前面几节详细叙述了两种波导线阵的设计,在此基础上将两种波导线阵交错安排,很容易构成一个宽带双极化波导天线平面阵,图 7.45(a)给出这种天线阵的基本构形. 图 7.45(b)给出天线阵的横剖面示意图,此处的两种极化线阵分别采用的是加脊脊波导纵缝线阵和矩形波导窄边非倾斜缝线阵. 这种通过压缩后实现双极化的天线阵与传统矩形波导宽边和窄边开斜缝的天线阵结构[219]显然具有明显的优势.

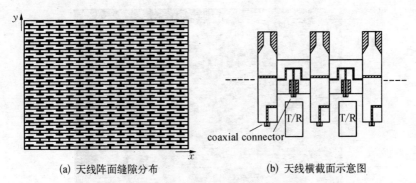

(a) 天线阵面缝隙分布　　　　(b) 天线横截面示意图

图 7.45　双极化波导天线阵结构示意图

天线阵包括 16×16 个双极化辐射单元,其中每根单极化天线包括 16 个缝隙,垂直极化(VP)天线用脊波导宽边开纵缝实现,水平极化(HP)则采用波导开非倾斜缝隙天线实现,一根 VP 线阵和一根 HP 线阵构成一个双极化天线子阵. 对于大型有源天线阵,可以用这个小天线阵作为基本模块扩展,每个双极化子阵背部接一个双极化 T/R 组件实现两维波束扫描. T/R 组件侧放于两根 HP 线阵和 VP 线阵之间的空间内,这种安排的好处是明显的,即 T/R 组件夹在波导线阵构成的槽内,可以将其直接安装在天线阵背部槽内,无需另外的安装支架,并且机械可靠性高,并且有利于有源器件的散热.

当图 7.45(b)中窄边缝隙天线采用 7.4.5 节中压缩波导天线时,则天线阵背面将为平面结构,如此对其背部其他器件的安装将带来便利.

7.5.2 双极化波导缝隙面阵的实验验证

根据上述两种极化的波导线阵组成的双极化天线阵,加工的试验天线阵如图 7.46,实验中采用 1:16 功分器和相应的稳相电缆配相,对 16 个两种线极化波导阵的激励,并通过电缆的长度控制实现天线阵在 y-z 面 0°和 20°的方向图.由于 x-z 辐射方向图就是单根线阵的方向图,此处省略.

图 7.46 双极化波导缝隙实验天线阵照片

图 7.47 中是水平极化天线阵,即波导窄边非倾斜缝隙天线阵在中心频率垂直面的辐射方向图及其交叉极化,可以看出在侧射状态和扫描 20°时,其交叉极化都低于—40 dB.图 7.48 中给出了垂直极化天线阵中心频率在垂直面的辐射方向图及其交叉极化,天线在侧射和扫描 20°时交叉极化都低于—40 dB.图 7.49 给出天线阵中的线阵间互耦测试结果,水平极化相邻线阵间互耦低于—20 dB,相隔一根线

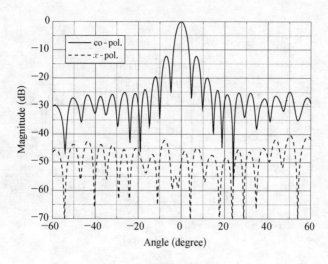

（a）侧射状态

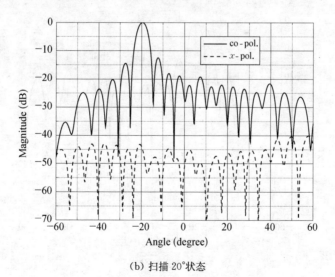

（b）扫描 20°状态

图 7.47　水平极化端口垂直面辐射方向图

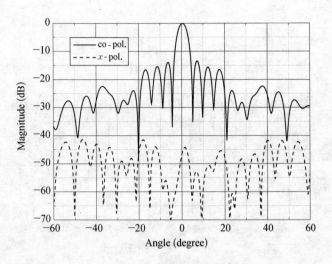

（a）侧射状态

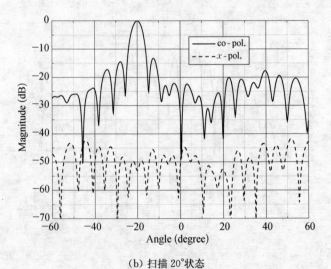

（b）扫描 20°状态

图 7.48　垂直极化端口垂直面辐射方向图

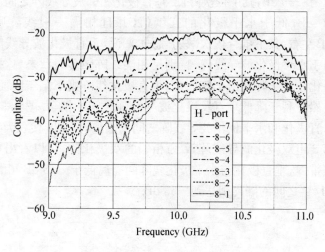

（a）H 极化端口

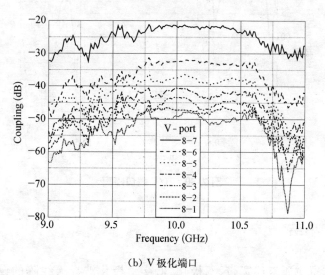

（b）V 极化端口

图 7.49　线阵之间的互耦测试值

阵则降为－23 dB,其下依次降低. 垂直极化相邻波导线阵之间互耦低于－21 dB, 低于水平极化的互耦值, 并且相隔一根线阵则降为－35 dB左右, 其下耦合依次减弱. 总体来说, 垂直极化波导线阵间的互耦弱于水平极化波导线阵, 特别是相隔线阵较多时状态, 这是由于水平极化波导线阵突出于阵面, 而垂直极化线阵则下陷于阵面, 这种结构显然有利于降低垂直及极化波导线阵之间的耦合. 图 7.50 是面阵中垂直极化和水平极化波导线阵之间的隔离, 其中 8 代表天线阵中间的第 8 组双极化波导线阵, 7 为相邻的双极化阵, 可以看出在整个测试频带内, 垂直极化与水平极化线阵间隔离低于－43 dB, 相隔一个线阵 H/V 之间的隔离则达到－53 dB.

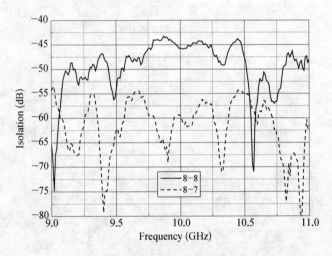

图 7.50　H/V 端口隔离

7.6　小结

　　本章主要叙述宽带、双极化、低交叉极化波导天线阵的设计, 通过天线阵分块的方式, 增加了天线的工作带宽. 提出了多种宽带对称单脊波导天线阵的设计实现方法, 计算和实验验证了这些天线的性能,使天线的方向图工作带宽扩展到 $1.0\,GHz$ 左右.对于波导窄边开缝天线阵,提出了易于加工的切角矩形膜片基里的非倾斜缝隙天线形式,与金属棒和加金属膜介质激励的方法相比,降低了加工难度,提高了天线的可靠性,并用波导功分器馈电实现宽带性能,结合矩形波导结构提出了多种压缩天线高度的方法,重点研究了其中不对称单脊波导馈电方式,使天线阵的高度得到了极大地降低.基于对称单脊波导天线阵和膜片激励波导窄边非倾斜缝隙天线阵的设计及实验验证,加工了 16×16 双极化辐射单元的双极化波导平面阵,测试验证了设计思想.该天线阵具有宽带、高极化纯度的特性,结合有源 T/R 组件,可以方便地扩展成大型有源双极化天线阵.

第八章 结 束 语

现代电子设备,例如:通信、雷达、电子战、敌我识别、导航等系统,对天线的性能,如工作带宽等,提出越来越高的要求,并且还提出其他方面的要求,如体积小、重量轻、易于安装和可靠性高等. 因此,目前展宽天线带宽和小型化是天线研究的一个热点,人们采用各类天线并使用各种方法来实现这一目的.

本文首先叙述了广泛应用的宽带印刷单极天线、宽带双极化微带天线、宽带圆极化微带天线以及双极化波导缝隙天线的研究现状. 简要叙述了几种电磁场数值计算方法及目前几种常用的仿真软件,了解这些计算方法和设计工具,有利于选择合适的软件来设计相应的天线. 提出了对称美对工程设计的指导意义,并在几种天线的设计过程中遵循这一原则,采用几何对称设计方法,提高了天线的性能.

文中主要对四种宽带天线进行了具体设计研究,即,共面波导馈电宽带印刷单极天线、双极化微带天线单元及天线阵、宽带圆极化微带天线和宽带双极化波导缝隙天线阵. 其中宽带双极化微带和波导天线阵以目前应用热点之一的合成孔径雷达天线为背景.

考虑共面波导具有简单、辐射损耗小、易于与其他电路集成等优点,采用共面波导对印刷单极天线馈电,并且将共面波导线两边的接地金属膜赋予一定的形状,极大地展宽了工作带宽,研究了天线各结构尺寸对阻抗匹配的影响,在两种形状单极天线上实现了超过110%的相对带宽. 在此基础上,对这种结构的天线进一步研究,使天线的带宽扩展到11倍频程.

宽带双极化微带天线阵因应于目前高分辨、全极化、多模式合成孔径雷达的需求进行研究,文中简要叙述了目前国内外的发展现状,研究了几种宽带双极化微带天线,主要给出了两种馈电方式的辐射单元,并根据对称原理,采用几何对称设计方法提高了单元的端口隔离度及极化纯度. 这一部分还讨论了线阵中馈电方式对天线阵极化隔离和交叉极化的影响,给出合理的馈电分布. 设计加工了 4 元阵、8 元阵、16 元阵以及 16×16 元平面阵,实验验证了双极化天线阵的设计构想,实现了宽带、低交叉极化、高隔离度等性能.

考虑到宽带圆极化天线展宽带宽的一种方法就是采用多点馈电方式,宽带双极化微带天线的实现给设计宽带圆极化天线带来了方便,只需将原来两个独立馈电的微带线换为具有 90° 相差的宽带等功率分配器就可以实现. 文中在宽带双缝耦合馈电双极化微带天线的基础上,采用半集总参数微带线实现的功分器来激励两个馈电端口,由于半集总参数结构可以使馈电网络小型化,使馈电部分完全置于微带贴片之下,这一方法相较于传统的混合电桥,使天线具有较小的面积,有利于组成圆极化天线阵.

前几部分对宽带微带天线进行了研究,考虑到波导天线阵在实际应用中仍具有强大的生命力. 文中还就宽带双极化波导缝隙天线阵进行了研究,这部分是双极化微带天线阵的一个并行工作,即,应用于合成孔径雷达系统的双极化天线阵. 由于对谐振波导天线阵的带宽限制主要的辐射单元数,因此将线阵分块,并由功分器对各个子谐振阵馈电. 以馈电网络的低损耗、简单、易于加工为前提,文中采用了波导功分器,并根据阵列的结构需要,提出了多种独创性的设计,实现了宽带波导缝隙天线阵的电性要求和结构要求.

回顾整个研究过程,体会和收获良多:

（1）随着技术和实际的需求的发展,天线经历了单极天线、抛物面天线、波导裂缝天线、微带天线、介质天线以及与固态电路集成的有源天线. 其形式花样翻新,但设计的最基本原理是相同的. 随着新方法的出现,应用到老问题,两者有机结合可以满足新的需求. 例如,分形技术的应用,可以实现天线小型化、多频率和宽带性能;光子带隙结构的引入,可以实现天线高增益、抑制背瓣等方面的功能;本文中宽带共面波导馈电印刷天线也是结合了共面波导传输线与传统锥台天线,实现了天线平面化.

(2)需求是工程设计非常重要的推动力,波导天线在二战时就投入实际应用,并且得到广泛深入的研究,其理论与技术已相当成熟. 但随着现代电子系统提出不同的要求,推动天线设计人员寻找新的思路来解决面对的问题.本文中的双极化波导缝隙天线的研究,就是因应于合成孔径雷达对宽带、高极化隔离、低交叉极化、高效率的要求而开发. 有时外在条件等的限制,如加工条件,也可能成为技术创新的动力,文中的波导窄边非倾斜缝隙天线,采用文献中倾斜金属棒激励,由于存在加工难度,促使金属膜片激励方法的产生;由于宽带脊波导缝隙天线阵中同轴或带状线功分器加工上的困难,催生了脊波导功分器馈电结构的出现.

(3)不同天线设计存在相互联系,抓住这些联系,对设计有时起到事半功倍的效果. 例如,文中宽带双极化缝隙耦合天线单元的设计成功,附加合适的功分器,将其转化为宽带圆极化或变圆极化天线就是水到渠成的事.

本文得到上海市博士点基金的资助和华东电子工程研究所的支持. 由于时间比较紧,研究虽然取得一定成果,但仍需要进一步深入. 例如,共面波导馈电的印刷单极天线,我们虽然实现了阻抗带宽方面的拓展,但对于其全向辐射方向图带宽的提高需要继续做工作;双波段双极化共物理口径的天线阵是将来合成孔径雷达天线的一个发展方向,我们在单波段微带和波导方面所做的工作,可以作为实现这种天线的基础,例如两个波段都采用微带天线形式或者微带和波导天线相结合实现双波段工作.另外,圆极化天线单元馈电网络还有许多潜力可挖,并且宽带、宽角圆极化天线阵也是一个很好的研究方向.

最后愿本文的工作能起到抛砖引玉的作用,能给人带来启发. 相信随着时间的推移,新技术、新材料和新需求的出现,宽带天线的研究和应用将更加深入和广泛.

参 考 文 献

1 章文勋. 世纪之交的天线技术. 电波科学学报, 2003, **15**(1): 97 - 100

2 钟顺时. 微带天线理论与应用. 西安: 西安电子科技大学出版社, 1991

3 Wong K. L. *Compact and broad microstrip antennas*. New York, NY: John Wiley & Sons, Inc. , 2002

4 王元坤, 李玉权. 线天线的宽频带技术. 西安: 西安电子科技大学出版社, 1995

5 周良明. 一种新型的宽带直立天线. 现代电子技术, 1994, **71**(4): 40 - 42

6 岳欣, 康行建, 费元春. 一种用于冲击雷达的宽带天线的分析与设计. 电波科学学报, 2000, **15**(2): 148 - 152

7 Gupta K. C. , Peter S. Hall. *Analysis and design of integrated circuit-antenna modules*. New York, NY: John Wiley & Sons, Inc. , 2000

8 Agrawall N. P. , Kumar G. , Ray K. P. Wide-band planar monopole antennas. *IEEE Trans. Antennas Propagat.* , 1998, **27**(3): 294 - 295

9 Chen Z. N. Braoadband planar monopole antenna. *IEE Proc. Microw. Antennas ropag.* , 2000, **147**(6): 526 - 528

10 Chen Z. N. , Chia Y. W. M. Broadband monopole antenna with parasitic planar element. *Microwave and Optical Technology Letters*, 2000, **27**(3): 209 - 210

11 王琪, 阮成礼, 王洪裕. 电小平面型单极子天线阻抗特性的研究.

微波学波,2004,**20**(2):59 - 61

12 Kuo Y. K., Wong K. L. Dual-polarized monopole antenna for WLAN application. *IEEE AP-S Int. Symp. Dig.*, 2002, 80 - 83

13 Puente-Baliarda C., Romeu J., Pous R., *et al*. On the behavior of the Sierpinski multiband fractal antenna. *IEEE Trans. Antennas Propagat.*, 1998, **46**(4): 517 - 524

14 Suh Y. H., Chang K. Low cost microstrip-fed dual frequency printed dipole antenna for wireless communications. *Electron. Lett.* 2000, (36): 1177 - 1179

15 Lin Y. F., Chen H. D., Chen H. M. A dual-band printed L-shaped monopole antenna for WLAN applications. *Microwave and Optical Technology Letters*, 2003, **37**(3): 214 - 216

16 Chang F. S., Wong K. L. Folded meandered-patch monopole antenna for low-profile GSM/DCS dual-band mobile phone. *Microwave and Optical Technology Letters*, 2002, **34**(2): 84 - 86

17 Lee G. Y., Yeh S. H., Wong K. L. A broadband folded planar monopole antenna for mobile phones. *Microwave and Optical Technology Letters*, 2002, **33**(3): 165 - 167

18 Yeh S. H., Wong K. L. Dual-band F-shaped monopole antenna for 2.4/5.2 GHz WLAN application. *IEEE AP-S Int. Symp. Dig.*, 2002, 72 - 75

19 Johnson J. M., Yahya R. S. The tab monopole. *IEEE Trans. Antennas Propagat.*, 1997, **45**(1): 187 - 188

20 Suh S. Y., Stutzman W., Davis W., *et al.* A novel CPW-fed disc antenna, *IEEE AP-S Int. Symp. Dig.*, 2004

21 Wang W., Zhong S. S., Liang X. L. A broadband CPW-fed arrowlike printed antenna. *IEEE AP-S Int. Symp. Dig.*,

2004, 751 - 754

22 Wang W. , Zhong S. S. , Chen S. B. A novel wideband coplanar-fed monopole antenna. *Microwave and Optical Technology Letters*, 2004, **43**(1): 50 - 52

23 Kwon D. H. , Kim Y. CPW-fed planar Ultra-wideband antenna with hexagonal radiating elements. *IEEE AP-S Int. Symp. Dig.*, 2004, 2947 - 2950

24 Sun Y. X. , Chow Y. L. , Fang D. G. , *et al*. Luk K. M. CAD formula of rectangular microstrip patch antenna on thick substrate. *IEEE AP-S, Int. Symp. Dig.*, 2002, 866 - 869

25 Mak C. L. , Luk K. M. , Lee K. F. Wideband L-strip fed microstrip antenna. *IEEE AP-S, Int. Symp. Dig.*, 1999, 1216 - 1219

26 Wang W. , Chen S. B. , Zhong S. S. A broadband slope-strip-fed microstrip patch antenna. *Microwave and Optical Technology Letters*, 2004, **43**(2): 121 - 123

27 Jo Y. M. Broad band patch antennas using a wedge-shaped air dielectric substrate. *IEEE AP-S, Int. Symp. Dig.*, 1999, 932 - 935

28 Wong K. L. , Tang C. L. , Chiou J. Y. Broadband probe-fed patch antenna with a W-shaped ground plane. *IEEE Trans. Antennas Propagat.*, 2002, **50**(6): 827 - 831

29 Kumar G. , Gupta K. C. Nonradiating edges and four edges gap-coupled multiple resonators broad-band microstrip antennas. *IEEE Trans. Antennas Propagat.*, 1985, **33**(2): 173 - 178

30 Xu Xiaowen, Xu Jian, Liu Zhangfa, *et al*. Analysis and design of broadband stacked microstrip patch antennas. *Journal of Beijing Institute of Technology*, 1997, **6**(4): 357 - 362

31 Anandan C. K., Mohanan P., Nair K. G. Broadband gap coupled microstrip antenna. *IEEE Trans. Antennas Propagat.*, 1990, **38**(10): 1581 – 1586

32 Wu C. K., Wong K. L. Broadband microstrip antenna with directly coupled and parasitic patches. *Microwave and Optical Technology Letters*, 1999, **22**(5): 348 – 349

33 Pozar D. M. A microstrip antenna aperture-coupled to microstrip line. *Electron. Lett.*, 1985, **21**(17): 49 – 50

34 Jang Y. W. Broadband T-shaped microstrip-fed U-slot coupled patch antenna. *Electron. Lett.*, 2002, **38**(15): 495 – 496

35 Jang Y. W. Experimental study of a broadband U-slot triangular patch antenna. *Microwave and Optical Technology Letters*, 2002, **34**(5): 325 – 327

36 Corq F., Papiernik A. Large bandwidth aperture coupled microstrip antenna. *Electron. Lett.*, Aug., 1990, **26**: 1293 – 1294

37 Ooi B. L., Qin S., Leong M. S. Novel design of broadband stacked patch antenna. *IEEE Trans. Antennas Propagat.*, 2002, **46**(9): 1391 – 1395

38 Cheng C. H., Li K., Matsui T. Stacked patch antenna fed by a coupled coplanar waveguide. *Electron. Lett.*, 2002, **38**(25): 1630 – 1631

39 Croq F., Pozar D. M. Millimeter-wave design of wide-band aperture-coupled stacked microstrip antennas. *IEEE Trans. Antennas Propagat.*, 1991, **39**(12): 1770 – 1776

40 Gao S. C., Li L. W. Mook-Seng Leong, *et al*. Wide-band microstrip antenna with an H-shaped coupling aperture. *IEEE Trans. Antennas Propagat.*, 2002, **51**(1): 17 – 27

41 Gao S. C., Li L. W. Mook-Seng Leong, *et al*. Dual-polarized

slot-coupled planar antenna with wide bandwidth. *IEEE Trans. Antennas Propagat.*, 2003, **51**(3): 441 - 448

42 Papiernik A. Stacked slot-coupled printed antenna. *IEEE Microwave and Guided Wave Letters*, 1991, (1): 288 - 290

43 Edimo M., Rigoland P., Terret C. Wideband dual polarized aperture coupled stacked patch antenna array operting in C-band. *Electron. Lett.*, July 1994, **30**: 1196 - 1197

44 Zurcher J. F. The SSFIP: A global concept for high performance broadband planar antennas. *Electron. Lett.*, 1988, **24**: 1433 - 1435

45 Huynh T., Lee K. F. Single-layer single-patch wideband microstrip antenna. *Electron. Lett.*, 1995, **31** (16): 1310 - 1312

46 Gao Y. X., Shackelford A., Lee K. F. *et al*. M. Broadband quarter-wavelength patch antennas with U-shaped slot. *Microwave and Optical Technology Letters*, 2001, **28** (5): 328 - 330

47 Sze J. Y., Wong K. L. Broadband rectangular microstrip antenna with a pair of toothbrush-shaped slots. *Electron. Lett.*, 1998, **34**: 2186 - 2187

48 Weigand S., Huff G. H., Pan K. H., *et al*. Analysis and design of broad-band single-layer rectangular U-slot microstrip patch antennas. *IEEE Trans. Antennas Propagat.*, 2003, **51**(3): 457 - 468

49 Wong K. L., Hsu W. H. A broadband rectangular patch antenna with a pair of wide slide slits. *IEEE Trans. Antennas Propagat.*, 2001, **49**(9): 1345 - 1347

50 Natarajan V., Chettiar E., Chatterjee D. An ultra-wideband dual, stacked, U-slot microstrip antenna. *IEEE AP-S*, *Int*.

Symp. Dig., 2004, 2939 - 2942

51　Wong T. P., Luk K. M., Deyun L. Isolation enhancement of dual polarized L-probe coupled patch antenna arrays. *IEEE AP-S*, *Int. Symp. Dig.*, 2004, 4364 - 4367

52　Granholmm J., Skou N. Probe-fed stacked microstrip patch antenna for high-resolution, polarimetric C-band SAR. *In Proceedings of* 2000 *Asia Pacific Microwave Conference*, Australia, 2000, 17 - 20

53　Granholmm J., Woelders K. Dual polarization stacked microstrip patch antenna array with very low cross-polarization. *IEEE Trans. Antennas Propagat.*, 2001, **49**(10): 1393 - 1402

54　Kelly K. C., Huang J. A dual polarization, active, microstrip antenna for an orbital imaging radar system operting at L-band. *IEEE AP-S*, *Int. Symp. Dig.*, 1999, 162 - 165

55　Zawdzki M. Huang J. A dual-polarized microstrip subarray antenna for an inflatable L-band synthetic aperture radar. *IEEE Antennas Propagat. Symp.*, 1999, 276 - 279

56　Patel P. D. A dual polarization microstrip antenna with low cross-polarization for SAR application. *IEEE AP-S Int. Symp. Dig.*, 1996, 1536 - 1539

57　Nishimoto K., Fukasawa T., Ohtsuka M., *et al*. Optimization of cross polarization characteristics for dual-polarized patch antennas. *IEEE AP-S Int. Symp. Dig.*, 2004, 4352 - 4355

58　Rostan F., Wiesbeck W. Dual polarized microstrip patch arrays for the next generation of spaceborne synthetic aperture radars. *IEEE AP-S Int. Symp. Dig.*, 1995, 2277 - 2279

59　Adrian A., Schaubert D. H. Dual aperture-coupled microstrip antenna for dual or circular polarization, *Electron. Lett.*,

1987，**23**：1226 – 1228

60　Kabacik P. , Bialkowski M. Microstrip patch antenna design considerations for airborne and spaceborne applications. *IEEE AP-S Int. Symp. Dig.* , 1998, 2120 – 2123

61　Hiemonen S. , Lehto A. , Raisanen A. V. Simple broadband dual-polarized aperture-coupled microstrip antenna. *IEEE AP-S Int. Symp. Dig.* , 1999, 1228 – 1231

62　Porter B. G. , Rauth L. L. , Mura J. R. , *et al.* Dual-polarized slot-coupled patch antennas on Duroid with Teflon Lenses for 76. 5 GHz automotive radar systems. *IEEE Trans. Antennas Propagat.* , 1999, **47**(12)：1836 – 1842

63　Wong K. L. , Tung H. C. , Chiou T. W. Broadband dual-polarized aperture-coupled patch antennas with modified H-shaped coupling slots. *IEEE Trans. Antennas Propagat.* , 2002, **50**(2)：188 – 191

64　Chakrabarty S. B. , Klefenz F. , Dreher A. Dual polarized wide-band stacked microstrip antenna with aperture coupling for SAR applications. *IEEE AP-S*, Salt Lake City, UT, Jul. 2000, 2216 – 2219

65　Neves E. S. , Elmarissi W. , Dreher A. Design of a broad-band low cross-polarized X-band antenna array for SAR applications. *IEEE AP-S Int. Symp. Dig.* , 2003, 460 – 463

66　Bonadiman M. , Schildberg R. , *et al.* Design of a dual-polarized L-band microstrip antenna with high level of isolation for SAR applications. *IEEE AP-S Int. Symp. Dig.* , 2004, 4376 – 4379

67　Chakrabarty S. B. , Khanna M. , Sharma S. B. Wideband planar array antenna in C band for synthetic aperture radar applications. *Microwave and Optical Technology Letters* ,

2002，**33**(1)：52 - 54

68 Huang J.，Lou M.，Feria A.，*et al*. An inflatable L-band microstrip SAR array. *IEEE AP-S Int. Symp. Dig.*，1998，2100 - 2103

69 Wong K. L.，Chiou T. W. Broad-band dual-polarized patch antennas fed by capacitively coupled feed and slot-coupled feed. *IEEE Trans. Antennas Propagat.*，2002，**50**(3)：346 - 351

70 杜小辉，李建新，郑学誉. X 波段双极化有源相控阵天线阵的设计. 现代雷达，2002，**24**(5)：67 - 70

71 Wang W.，Zhong S. S.，Liang X. L. A dual-polarized stacked microstrip subarray antenna for X-band SAR application. *IEEE AP-S Int. Symp. Dig.*，2004，1603 - 1606

72 Liang X. L.，Zhong S. S.，Wang W. On the cross-polarization suppression of linear dual polarization microstrip antenna arrays. *Microwave and Optical Technology Letters.*，Sept.，2004，**42**(6)：448 - 451

73 Kim H.，Won J. K.，Yoon Y.，*et al*. A study on the dual feeding structure for microstrip antenna with high isolation. *IEEE AP-S Int. Symp. Dig.*，2002，216 - 219

74 薛睿峰，钟顺时. 微带天线圆极化技术概述与进展. 电波科学学报. 2002，**17**(4)：331 - 336

75 叶云裳，李全明，杨小勇. 单点馈电圆极化 GPS 微带天线. 中国空间科学技术，2002，(2)：30 - 34

76 董玉良，郑会利，张士选. 单馈电双模方形微带天线及圆极化实现. 电波科学学报，2002，**17**(2)：179 - 181

77 Suzuki Y.，Miyano N.，Chiba T. Circularly polarized radiation from singly fed equilateral-triangualr microstrip antennas. *IEE Proc. H*. Apr.，1987，**134**：194 - 198

78 Lu J. H.，Tang C. L.，Wong K. L. Single-feed slotted

equilateral traingular microstrip antenna for circular polarization. *IEEE Trans. Antennas Propagat.*, 1999, **47**(7): 1174 - 1178

79 Suzuki Y., Chiba T. Improved theory for a singly fed circularly polarized microstrip antenna. *Trans. IECE of Japan*, 1985, **E68**: 76 - 81

80 尹应增,张卫东,郑会利,等. 正多边形贴片圆极化微带天线. 西安:西安电子科技大学学报,2000,**27**(2):259 - 261

81 Wong K. L., Wu J. Y. Single-feed small circularly polarized square microstrip antenna. *Electron. Lett.*, 1997, **33**(22): 1833 - 1834

82 Wong K. L., Chen M. H. Single-feed small circular microstrip antenna with circular polarization. *Microwave and Optical Technology Letters*, 1998, **18**(6): 394 - 397

83 张亚斌,黎滨洪,刘毅军. 国际海事卫星地面终端天线阵单元的设计. 上海交通大学学报,2004,**38**(5):722 - 724

84 孙向珍. 圆极化双层微带天线的研究. 遥测遥控,2004,**25**(5):1 - 6

85 Waterhouse R. B. Stacked patches using high and low dielectric constant material combinations. *IEEE Trans. on Antennas and Propag.*, 1999, **47**(12): 1767 - 1771

86 薛睿峰,钟顺时. 表面开槽的有机磁性圆极化微带天线. 上海大学学报,2002,**8**(3):189 - 192

87 朱美红,曹必松,张学霞,等. 高温超导圆极化微带天线辐射性能的研究. 电子学报,2000,**28**(9):96 - 98

88 Rahman M. Stuchly M. A. Circularly polarized patch antenna with periodic structure. *IEE Proc. Microwave Antenna Propagat.*, 2002, **149**(3): 141 - 146

89 Pozar D. M. *Microwave Engineering*. New York, NY: John

Wiley & Sons, Inc. , 1998

90 Wong W. L. , Chiou T. W. Broad-band single-patch circularly polarized microstrip antenna with dual capacitively coupled feeds. *IEEE Trans. on Antennas and Propagat.* , 2001, **49**(1): 41 - 44

91 Chen H. M. , Lin Y. F. , Chiou T. W. Broadband circularly polarized aperture-coupled microstrip antenna mounted in a 2. 45 GHz wireless communication system. *Microwave and Optical Technology Letters* , 2001, **28**(2): 100 - 101

92 张金标. 一种 GPS/GLONASS 兼容微带天线的研制. 通信学报, 1996,**17**(3): 125 - 128

93 胡明春,杜小辉,李建新. 宽带宽角圆极化贴片天线的实验研究. 电子学报,2002,**30**(12): 1889 - 1890

94 Targonski S. D. , Pozar D. M. Design of wideband circularly polarized aperture-coupled microstrip antennas. *IEEE Trans. Antennas Propagat.* , 1993, **41**(2): 214 - 220

95 岳喜成,王文骐,王媛媛. 一种用于微波射频识别卡的圆极化微带天线. 微波学报,2003, **19**(1): 25 - 28

96 Sharma A. K. , Singh R. , Mittal A. Wide band dual circularly polarized aperture coupled microstrip patch antenna with bow tie shaped aperture. *IEEE AP-S Int. Symp. Dig.* , 2004, 3749 - 3752

97 Rao P. H. , Fusco V. F. , Cahill R. Wide-band linear and circularly polarized patch antenna using a printed stepped T-feed. *IEEE Trans. Antennas Propagat.* , 2002, **50** (3): 356 - 361

98 钟铨,等. 合成孔径雷达卫星. 北京:科学技术出版社,2001

99 Radarsat SAR antenna — a deployable 15 metre C-band phased-scanning slotted waveguide antenna for the RadarSAR synthetic

aperture radar spacecraft. http//www. EMS technology. com.

100 Stangl M. , Werninghaus R. , Zahn R. The TerraSAR-X active phased array antenna. *IEEE International Symposium on Phased Array Systems and Technology* 2003, Boston, USA, Oct. , 2003, 70 - 75

101 Stevension A. F. Theory of slots in rectangular waveguide. *Journal Applied Physics*, 1948, **19**: 24 - 38

102 Oliner A. A. The impedance properties of narrow radiating slots in broad face of rectangular waveguide. *IRE Trans*, AP, 1957, **5**: 4 - 20

103 Harrington R. F. *Field computation by moment method*. The MaCmillam Company, New York, 1968

104 Khac T. V. , Carson C. T. Impedance properties of a longitudinal slot antenna in the broad face of a rectangular waveguide. *IEEE Trans. Antennas and Propag.* , 1973, **21**: 708 - 710

105 Lyon R. W. , Sangstrar A. J. Efficient moment method analysis of radiating slots in a thick-walled rectangular waveguide. *IEEE Proc-H*, 1981, **128**: 197 - 205

106 Elliott R. S. , Kurtz I. A. The design of small slot arrays. *IEEE Trans. Antennas Propagation*, 1978, **26**: 214 - 219

107 Elliott R. S. *Antenna theory and design*. Englewood Cliffs: Prentice-Hall, 1981

108 Elliott R. S. An improved design procedure for small arrays of shunt slot. *IEEE Trans. Antennas Propagation*, 1983, **31**(1): 48 - 53

109 Elliott R. S. , O'Loughlin W. R. The design of slot arrays including internal mutual coupling. *IEEE Trans. Antennas and Propagation*, 1986, **34**: 1149 - 1154

110 Richardson P. N. , Yee H. Y. Design and analysis of slotted waveguide antenna arrays. *Microwave Journal* , 1988，**31**(6)：109 - 125

111 钟顺时，费桐秋，孙玉林. 波导窄边缝隙阵天线的设计. 西北电讯工程学报,1976,**4**(1)：165 - 184

112 Taeshima T. , Isogai Y. Frequency bandwidth of slotted array aerial system. *Electron*，*Eng.* , Feb. , 1969，201 - 204

113 Hamadallah M. Frequency limitations on broad-band performance of shunt slot arrays. *IEEE Trans*. *Antennas Propagation* , 1989，**37**(7)：817 - 823

114 Blommendaal R. , Westerman B. E. Matched shunt slots in the narrow wall of a waveguide. *European Microwave Conference* , Sept. 1969，375 - 379

115 Watson W. H. Waveguide transmission and antenna systems. Oxford University Press，1947

116 Gokdbihm E. Broadband slotted waveguide aerials. *Londe Electrique* , 1958，**376**(2)：731 - 736

117 林昌禄，聂在平，等. 天线工程手册. 北京：电子工业出版社,2002

118 Wang W. , Zhong S. S. , Jin J. , Liang X. L. An untilted edge-slotted waveguide antenna array with very low cross-polarization. *Microwave and Optical Technology Letters*. 2005，**44**(1)：91 - 93

119 谢拥军. Ansoft 高级培训班教材——Ansoft HFSS 的有限元理论基础

120 Yee K. S. Numerical solution of initial boundary value problems involving Maxwell equations in isotropic media. *IEEE Trans*. *Antennas Propagat*. , 1966，**14**(3)：302 - 307

121 葛德彪，闫玉波. 电磁场时域有限差分方法. 西安：西安电子科

技大学出版社,2002

122 Weiland T. A discretization method for the solution of Maxwell's equations for six-Component fields. *Electronics and Communication*(*AEÜ*),1977,**31**(3):116-120

123 张敏. CST 微波工作室用户手册. 北京:电子科技大学出版社,2004

124 汪伟,钟顺时,梁仙灵. 对称美在电磁工程中的应用. 中国电子学会第十届青年学术年会,2004,669-673

125 阿·热. 可怕的对称. 熊昆译. 河南:河南科学技术出版社,1996

126 杨承宗. 原子时代的开创者——皮埃尔·居里与玛丽·斯谷都夫卡-居里夫妇. 科学通报,1956,(10)

127 钟顺时,钮茂德. 电磁场理论基础. 西安:西安电子科技大学出版社,1995

128 杨儒贵,陈达章,刘鹏程. 电磁理论. 西安:西安交通大学出版社,1991

129 饶明忠,谭邦定,黄键. 电磁场问题的对称性条件,电工技术学报. 1994,(3):15-18

130 熊继衮. 防空导弹制导雷达天馈系统与微波器件. 宇航出版社,1994

131 Jaroslaw Uher, *et al. Waveguide Components for Antenna Feed Systems: Theory and CAD*. Artech House. 1993

132 Green J., Shnitkin H., Bertalan P. J. Asymmetric ridge waveguide radiating element for a scanned planar array. *IEEE Trans. Antennas and Propag.*,1990,**38**(8):1161-1165

133 Hashemi-Yeganeh S., Elliott R. S. Analysis of untilted edge slots excited by tilted wires. *IEEE Trans. Antenna Propagat.*,1990,**38**(11):1737-1745

134 Hirokawa J., Kidal P. S. Excitation of an untilted narrow-wall slot in a rectangular waveguide by using etched strips on a

dielectric plate. *IEEE Trans. Antenna Propagat.*, 1997, **45**(6): 1032 - 1037

135 刘文虎,刘其中,尹应增. 短波加载天线的研究. 西安：西安电子科技大学学报. 1999,26(5): 663 - 666

136 毛均宏. 阻抗加载脉冲天线的研究. 通信学报,1999,**20**: 90 - 95

137 延晓荣,金元松,罗翠梅. 阻容加载偶极天线的宽带性能及效率分析. 电波科学学报,2000,**15**(2): 170 - 173

138 纪奕才,郭景丽,刘其中. 加载法向模螺旋天线的研究. 电波科学学报,2002,**17**(6): 573 - 576

139 崔俊海,钟顺时. 一种分析探针加载微带天线的局部共形 FDTD 法. 电子学报,2002,**30**(6): 910 - 912

140 余春,刘俊,钟顺时. 平面型加载圆环天线的分析,上海大学学报(自然科学版). 1997,**3**(2): 132 - 137

141 潘锦,聂在平. 行波电流天线阵的加载. 电子科技大学学报,1995,**24**(2): 153 - 158

142 高飞,陈益邻,刘其中. 加载宽带天线分析. 电子学报,1999,**27**(2): 124 - 125

143 沈丽英,卿显明. 宽带毫米波全向天线研究. 红外与毫米波学报,1996,**15**(5): 343 - 346

144 孟凡宝,杨周炳,等. 高功率超宽带同轴双锥天线的设计和实验. 强激光与粒子束,1999,**11**(2): 245 - 247

145 Ruan Chengli. A universal model for biconical antennas. 电波科学学报,2001,**16**(1): 39 - 40

146 王琪,阮成礼,王洪裕. 任意锥角有限长双锥天线电磁特性的仿真研究. 电波科学学报,2003,**18**(6): 704 - 708

147 Yngvesson K. S., Korzeniowski T. L., *et al*. The tapered slot antennas. *IEEE Trans. on Microwave Theory and Tech.*, 1995, **43**: 365 - 374

148 Simons R. N., Dib N. I., Lee R. Q., *et al*. Integrated

uniplanar transition for linearly tapered slot antenna. *IEEE Trans. Antennas Propagat.*, 1995, 998-1002

149　Gazit E. Improved design of the vivaldi antenna. *IEE Proc.*, *Part H*, 1988, **135**(2): 89-92

150　钟顺时,江轶慧,陈俊昌. 磁性基片双频三角形微带贴片天线. 微波学报,2994,**20**(2): 51-54

151　王均宏,任朗,简水生. 带有有限大平板反射器的曲线振子天线阵的分析与优化. 电子学报,1996,**24**(9): 53-59

152　阮成礼. 毫米波理论与技术. 北京:电子科技大学出版社,2001

153　Aksun M. I., Chuang S. L., Lo Y. T. Coplanar waveguide-fed microstrip antennas. *Microwave and Optical Technology Letters*, 1991, **4**(8): 292-295

154　Deng S. M., Wu M. D., Hsu P. Analysis of coplanar waveguide-fed microstrip antenna. *IEEE Trans. Antenna Propagat.*, 1995, **43**(7): 734-737

155　Nesic A. Slotted antenna arrary excited by a coplanar waveguide. *Electron. Lett.*, 1982, **18**: 275-276

156　Schoenberg J., *et al*. Quasi-optical antenna array amplifiers. *IEEE Microwave and theory Tech. Dig.*, 1995, **2**(6): 605-608

157　Vourch E., Drissi M., Citerne J. Slotline dipole fed by a coplanar waveguide. *IEEE Microwave Theory Tech. Dig.*, 1994, **2**(6): 2208-2211

158　Sierra-Garcia S. Laurin J. J. Study of a CPW inductively coupled slot antenna. *IEEE Trans. Antenna Propagat.*, 1999, **47**(1): 58-64

159　Tsai H. S., York R. A. FDTD analysis of CPW-fed folded-slot and multiple-slot antennas of thin substrates. *IEEE Trans. Antenna Propagat.*, 1996, **44**(2): 217-226

160 牛俊伟,钟顺时. 一种新型共面波导馈电缝隙天线. 2003' 全国
微波毫米波会议论文集,2003,740-743

161 Honda S. , Ito M. , Seki H. , *et al*. A disc monopole antenna
with 1∶8 impedance bandwidth and omnidirectional radiation
pattern. *Proc ISAP'92*, Sapporom Japan, 1992, 1145-1148

162 Amman M. J. *Square planar monopole antenna*. Proc IEE
Nat Conf Antennas Propagat, York, England, 1999, 37-40

163 程崇虎,吕文俊,等. 共面波导(CPW)馈电单极子天线的设计与
研究. 微波学报,2003,**19**(4):58-61

164 Yu-de Lin, Syh-nan Tsai. Coplanar waveguide-fed uniplanar
bow-tie ant enna. *IEEE Trans. Antennas Propagat.*, 1997,
45(2):305-306

165 Niu J. W. , Zhong S. S. A broadband CPW-fed bow-tie slot
antenna. *IEEE AP-S Int. Symp. Dig.*, 4483-4486

166 Gauthier Gildas P, Alan Courtay, Rebeiz Gabriel M.
Microstrip antenna on synthesized low dielectric — constant
substrates. *IEEE Trans. Antennas Propagat.*, 1997,**45**(8):
1310-1314

167 Zheng Chen MQ, Hall P. S. , Fusco V. F. , *et al*. Broadband
microstrip patch antenna on micromachined Silicon substrates.
Electron. Lett., 1998,**34**(1):3-4

168 Huynh T, Lee K. F. Single-layer single-patch wideband
microstrip antenna. *Electron. Lett.*, 1995, **31**(16):
1310-1312

169 Giauffret L. , Laheurte J. M. , Papiernik A. Experimental and
theoretical investigations of new compact large bandwidth
aperture-coupled microstrip antenna. *Electron. Lett.*, 1995,
31(25):2139-2140

170 杨雪霞,钟顺时.角馈方形微带天线的输入阻抗与散射参数.上

海大学学报(自然科学版),1999,**5**(3):237-240

171 Zhong S. S., Yang X. X., *et al*. Corner-fed microstrip antenna element and arrays for dual-polarization operation. *IEEE Trans. Antennas Propagat.*, 2002, **50**(10): 1473-1480

172 Lo Y. T., Solomon D., Richards W. F. Theory and experiment for microstrip antennas. *IEEE Trans. Antennas Propagat.*, 1979, **27**(3): 137-145

173 Chen W. S., Wu C. K., Wong K. L. Compact circularly polarized circular microstrip antenna with cross slot and peripheral cuts. *Electron. Lett.*, 1998, **34**(11): 1040-1041

174 Chen H. D., Chen W. S. Probe-fed compact circular microstrip antenna for circular polarization. *Microwave and Optical Technology Letters*, 2001, **29**(1): 52-54

175 Bokhari S. A., *et al*. A small microstrip patch antenna with a convenient tuning option. *IEEE Trans. Antenna Propagat.*, 1996, **44**(11): 1521-1528

176 Yang K. P., Wong K. L. Dual-band circularly polarized square microstrip antenna. *IEEE Trans. Antenna Propagat.*, 2001, **49**(3): 377-382

177 Chen H. M., Lin Y. F., Chiou T. W. Broadband circularly polarized aperture-coupled microstrip antenna mounted in a 2.45 GHz wireless communication system. *Microwave and Optical Technology Letters*, 2001, **28**(2): 100-101

178 金谋平,郭俊,王盛举. 半集总参数环形电桥设计. 微波学报, 2003,**19**(2): 73-76

179 王继学. 星载合成孔径雷达天线的现状与发展. 上海航天, 2001,**6**: 50-57

180 曲常文,和友,龚沈光. 机载 SAR 发展概况. 现代雷达,2002,

24(1)：1 - 14

181 Carver K. R. Antenna technology requirements for next generation spaceborne SAR systems. *IEEE AP-S Int. Symp. Dig.* , 1983，365 - 368

182 Gao S. C. , Zhong S. S. Dual-polarized microstrip antenna array with high isolation fed by coplanar network. *Microwave and Optical Technology Letters* , Oct. ,1998，**19**：214 - 216

183 Rostan F. , Wiesbeck W. Design consideration for dual polarized aperture-coupled microstrip patch antennas. *IEEE AP-S Int. Symp. Dig.* , 1995，2086 - 2089

184 崔俊海，钟顺时，等. 一种新型双极化口径耦合微带天线阵. 应用科学学报，2002，**20**(6)：373 - 376

185 Zawadzki M. , Huang J. A dual-polarized microstrip subarray antenna for an inflatable L-band synthetic aperture radar. *IEEE AP-S Int. Symp. Dig.* , 1999，276 - 279

186 Amendola G. , Costanzo S. , Martire V. , *et al*. A broadband microstrip antenna for SAR applications. *IEEE AP-S Int. Symp. Dig.* , 1999，1240 - 1243

187 Baracco J. M. , Carlstron A. X-band microstrip array antenna in suspended technology. *IEEE AP-S Int. Symp. Dig.* , 1997，1256 - 1259

188 Ludwig A. C. The Definition of Cross Polarization. *IEEE Trans. Antenna Propagat.* , Jan. , 1973，**21**(1)：116 - 119

189 Woelders K. , Granholm J. Cross-polarization and sidelobe suppression in dual linear polarization antenna arrays. *IEEE Trans. Antennas Propagat.* , 1997，**45**(12)：1727 - 11740

190 Herschlein A. , Fischer C. , Braumann H. , *et al*. Development and measurement results for TerraSAR-X phased array. *5th European Conference on Synthetic Aperture*

Radar，*EUSAR 2004*，Ulm，Germany，May，2004

191 Watson W. H. Resonant slots. *IEE J*，93，3A，1946，620 - 626

192 Yee H. Y. Impedance of a narrow longitudinal shunt slot in a slotted waveguide array. *IEEE Trans. Antennas Propagat.*，1974，**22**：589 - 592

193 Khac T. V.，Carson C. T. Coupling by slots in rectangular waveguide with arbitrary wall thickness. *Electron. Lett.*，1972，**8**：296 - 298

194 Stern G. J.，Elliott R. S. Resonant length of longitudinal slots and validity of circuit representation：Theory and experiment. *IEEE Trans. Antennas Propagat.*，1985，**33**：1264 - 1271

195 Josefsson L. G. Analysis of longitudinal slots in rectangular waveguide. *IEEE Trans. Antennas Propagat.*，1987，**35**：1351 - 1357

196 Hernandez- Lopez M. A.，Quintillan M. Coupling and radiation through "V-shaped" narrow slots using the FDTD method. *IEEE Trans. Antennas Propagat.*，2001，**49**(10)：1363 - 1369

197 李龙,张玉,梁昌洪. 波导宽边缝隙天线的改进共形 FDTD 分析.电子学报,2003,**31**(6)：860 - 863

198 汪伟,傅德民,等. 波导行波阵单元电导的计算.西安：西安电子科技大学学报,2001,**28**(2)：234 - 237

199 Elliott R. S. *The design of waveguide-fed slot arrays*. in Y. T. Lo and S. W. Lee，Antenna Handbood，New York：Van Nostrand Reinhold，1988

200 李知新.波导窄边缝隙天线的缝隙导纳的简易测量方法.电波科学学报,1985,**7**(3)：227 - 231

201 杨继松,傅君眉.波导缝隙在模拟阵列环境中的有源导纳值计算方法.中国空间科学技术,1996,**6**：12 - 18

202 Brown K. W. Design of waveguide slotted arrays using commercially available finite element analysis software. *IEEE AP-S Int. Symp. Dig.*, 1996, 1000 - 1003

203 Hopfer S. The design of ridged waveguides. *IRE MTT*, 1955, **10**：20 - 29

204 Montgomery J. P. On the complete eigenvalue solution of ridge waveguide. *IEEE Trans. Antennas and Propagation*, 1971, **19**：547 - 555

205 Jarvis D. A., Rao T. C. Design of double-ridged rectangular waveguide of arbitrary aspect ratio and ridge height. *IEE Proc. Microwave Antenna Propog*, 2000, **147**(1)：31 - 34

206 Wu T. L., He W. C., Chang H. W. Numerical study of convex and concave rectangular ridged waveguides with large aspect ratios. *Proc. Natl. Sci. Counc. ROC(A)*, 1999, **23**(6)：799 - 809

207 任列辉,邢锋,徐诚,等.用电磁场算子理论分析脊波导的传输特性.电子与信息学报,2004,**26**(2)：326 - 331

208 黄彩华.矩形变形脊波导主模截止波长和特性阻抗计算.雷达与对抗,1997,(3)：6 - 22

209 王萍.脊波导各种参数的计算.火控雷达技术,2004,**33**(3)：50 - 55

210 Hu A. Y., Lunden C. D. Rectangular-ridge waveguide slot array. *IRE Trans. on AP*, 1961, **9**：102 - 105

211 Falk K. Admittance of a longitudinal slot in a ridge waveguide. *IEE Proc. Microwave, Antennas and Propagation*, 1988, **135**(4)：263 - 268

212 Kim D. Y., Elliott R. S. A design procedure for slot arrays

fed by single-ridge waveguide. *IEEE Trans. Antennas Propagat.*, 1988, **36**(11): 1531 - 1536

213 Green J., Shnitkin H., Bertalan P. J. Asymmetric ridge waveguide radiating element for a scanned planar array. *IEEE Trans. Antennas Propagat.*, 1990, **38**(8): 1161 - 1165

214 Carver K. R. Antenna technology requirements for next generation spaceborne SAR systems. *IEEE Antennas Propagat. Symp.*, *Houston*, *TX*, June 1983, 365 - 368

215 Kurtz L. A., Yee L. S. Second-order beams of the two-dimensional slot arrays. *IRE Trans.*, *Antennas and Propagation*, 1957, **5**(4): 356 - 362

216 Johnson R. C., Jasik H. Antenna Engineering Handbook. 2nded New York: McGraw-Hill, 1984

217 Hirokawa J., Manholm L., *et al*. Kildal P. -S. Analysis of an untilted wire-excited slot in the narrow wall of a rectangular waveguide by including the actual external structure. *IEEE, Trans. Antennas Propagat.*, 1997, **45**(6): 1038 - 1044

218 Shan X. Y., Shen Z. X. Transverse slot antenna array in the broad wall of a rectangular waveguide partially filled with a dielectric slab. *IEEE Trans. Antennas Propagat.*, 2004, **52**(4): 1030 - 1038

219 Wood P. J., Sultan N., Seguin G. A dual-polarized reconfigurable-beam antenna for the DSAR synthetic aperture radar. *IEEE AP-S Int. Symp. Dig.*, 1996, 1716 - 1719

220 Ahmed N., Natarajan T., Rao K. R., *et al*. Discrete cosine transform. *IEEE Trans. Comput.*, 1974, C -**23**: 90 - 93

221 Woodo J. W., O'Neil D. Subband coding of image. *IEEE Trans.*, 1988, **ASSP - 34**(5): 1278 - 1288

222 毕厚杰. 静止图象编码. 通信学报, 1993, **14**(2): 48 - 55

223 Woodo J. W. Ed. *Subband Image Coding*. New York：
Kluwer，1991

224 催锦泰. 小波分析导论. 程正兴译. 西安：西安交通大学出版
社，1995

225 Mallat S. Multiresolution approximayion and wavelets.
Trans. Am. Math. Soc. ，1989，**135**：69-88

226 Mallat S. A theory for multiresolution signal decomposition：
the wavelet representation. *IEEE Trans. PAMI.* ，1989，(3)：
674-693

227 Daubechies I. Orthonorma basis of compactly supported
wavelets. *Comm. Pure Applied Math.* ，1988，**41**（6）：
909-996

致　谢

　　本论文的研究工作得到导师钟顺时教授自始至终的悉心指导,首先衷心感谢钟顺时教授多年来对我的教育和培养. 钟老师渊博的学术、严谨的科研作风、超凡的思维及敏锐的洞察力,无一不是我今后学习的榜样. 在钟老师悉心指导和激励下,我不仅学到了许多崭新的知识,更学到了进行科学研究的思想方法和创新精神,这将是我终生受益的财富. 同时感谢师母对我工作和学业的关心!

　　感谢徐得名教授、马哲旺教授、王子华教授、徐长龙研究员、杨雪霞副教授、吴迪副教授、李国辉副教授,以及通信学院和研究生部的领导和老师对我的热情指导和帮助.

　　感谢梁仙灵、牛俊伟、张需溥、陈春平、徐君书、孙续宝、姚凤薇博士生和陈俊昌、傅强、张文海、江轶慧、墨晶岩、彭祥飞、武强、白晓峰、张俊文等硕士生,和他们一起度过一段美好的时光.

　　感谢信息产业部电子第三十八研究所以及天馈部领导对我的关心和支持。感谢鲁加国副总工程师、张玉梅主任、王小陆主任、何诚书记对我工作和学业的支持和帮助,感谢金谋平博士、齐美清和金剑工程师以及其他天馈部各位师傅和师兄弟们的关心和支持.

　　在此还要感谢西安电子科技大学傅德民教授一直对我工作和学习的关心,感谢梁昌洪教授、刘其中教授、焦永昌教授、龚书喜教授、史小卫教授和张福顺教授等昔日给予我的指导和帮助.

　　深深感谢我敬爱的父母,感谢他们对我求学的理解和大力支持,辛苦一生、对子女付出无怨无悔。同时还感谢我大姐及大姐夫、二姐及二姐夫和弟弟及弟妹对我学业和工作的支持和鼓励。

　　感谢岳母对我学习、工作和生活上的关心和支持. 衷心感谢我的

妻子邵书娜对我的理解、支持和激励,感谢她与我同甘共苦度过艰苦
的岁月,并给予我追求事业无穷的动力.

　　谨以此文献给我已逝去的爷爷和奶奶,从小到大,一直在他们的
关爱下成长,我永远怀念他们.